遇见海洋

神奇的海洋生物

武鹏程 编著

海洋出版社

北京·2025

图书在版编目（CIP）数据

遇见海洋. 神奇的海洋生物 / 武鹏程编著. -- 北京：海洋出版社，2023.9
ISBN 978-7-5210-1198-2

Ⅰ. ①遇… Ⅱ. ①武… Ⅲ. ①海洋－普及读物 ②海洋生物－普及读物 Ⅳ. ① P7-49 ② Q178.53-49

中国版本图书馆CIP数据核字（2023）第 224854 号

神奇的
海洋生物

SHENQI DE
HAIYANG SHENGWU

总 策 划：刘　斌		发 行 部：(010) 62100090	
责任编辑：刘　斌		总 编 室：(010) 62100034	
责任印制：安　淼		网　　址：www.oceanpress.com.cn	
排　　版：海洋计算机图书输出中心 晓阳		承　　印：侨友印刷（河北）有限公司	
出版发行：海洋出版社		版　　次：2023年9月第1版	
地　　址：北京市海淀区大慧寺路8号		2025年1月第2次印刷	
100081		开　　本：787mm×1092mm 1/16	
经　　销：新华书店		印　　张：8	
技术支持：(010) 62100055		字　　数：150千字	
		定　　价：48.00元	

本书如有印、装质量问题可与发行部调换

前 言

  浩瀚的海洋中生活着许多色彩斑斓、美艳无比、各具特色的生物，有的有剧毒、有的长相Q萌、有的色彩艳丽、有的让人惊愕，它们共同构成了繁杂、缤纷的海洋生物世界。

  海洋中的美丽毒物中，有"鲨鱼都不敢惹的狠角色"豹鳎、"海底最美丽的伪装者"火烈鸟舌蜗牛、"世界上已知最毒的螃蟹"绣花脊熟若蟹，还有等指海葵、纽扣珊瑚、蓝环章鱼、花笠水母、狮子鱼、角箱鲀、条纹睡衣鱿鱼、僧帽水母和石头鱼等，它们既漂亮，又有剧毒，让人防不胜防。

  海洋中还有很多长相Q萌可爱的生物，如"超萌可爱的海蛞蝓"海兔、"靠晒太阳就能活命"的叶羊、"像一株漂浮的海草"的草海龙、"让人惊艳的海底拟态鱼"剃刀鱼，以及小飞象章鱼、梦海鼠、裸海蝶、蓝龙、海猪、小猪鱿鱼和豆丁海马等。

  一些色彩艳丽的海洋生物，如灯泡海鞘、圣诞树蠕虫、灯眼鱼、五彩青蛙、火焰贝、迷幻躄鱼、条纹躄鱼、彩带鳗、奶嘴海葵、彩色地毯海葵、海百合和蛋黄水母等，将海洋点缀得如同花园一般。

  筐蛇尾、狮鬃水母、后颌鱼、红唇蝙蝠鱼、灯塔水母、膨胀鲨鱼和舒氏猪齿鱼则让人惊愕，让人感叹海洋的神奇！

  虾、蟹和海鸟同样是海洋世界中不可或缺的，雪人蟹、招潮蟹、小丑虾、性感虾、骆驼虾、美人虾、海鹦、蓝脚鲣鸟和火烈鸟无不有着让人惊艳的外表！

  海洋中的美丽生物数不胜数，本书以图文并茂的方式将这些美丽的海洋生物呈现给大家，让大家能够通过认识海洋中的生物，进而认识海洋，热爱海洋，提高海洋意识。

目 录

美丽的毒物

豹鲉——鲨鱼都不敢惹的狠角色 /1
火烈鸟舌蜗牛——海底最美丽的伪装者 /3
鸡心螺——会射出毒"鱼叉"的螺 /5
绣花脊熟若蟹——世界上已知最毒的螃蟹 /9
等指海葵——没脑子的智慧毒物 /10
纽扣珊瑚——美丽的毒"纽扣" /12
蓝环章鱼——世界"毒榜"魁首 /14
花笠水母——美轮美奂的水母 /17
狮子鱼——威风凛凛的蓑鲉 /19
角箱鲀——脾气温和的狠角色 /23
条纹睡衣鱿鱼——鱿鱼家族中的毒王 /25
僧帽水母——色彩绚丽的杀手 /26
石头鱼——世界上最毒的鱼之一 /29

Q萌的海洋生物

海兔——超萌可爱的海蛞蝓 /32
叶羊——靠晒太阳就能活命 /36
皮卡丘海参——可爱的海底皮卡丘 /38
草海龙——像一株漂浮的海草 /39
剃刀鱼——让人惊艳的海底拟态鱼 /42
小飞象章鱼——深海会发光的萌物 /44
梦海鼠——粉红透明幻想曲 /46
裸海蝶——海天使 /48
蓝龙——大西洋海神 /50
海猪——Q萌的深海生物 /52
小猪鱿鱼——形象搞怪的鱿鱼 /53
豆丁海马——令人惊艳的伪装术 /54

色彩艳丽的海洋生物

灯泡海鞘——绚丽的海底萌物 /57
圣诞树蠕虫——寄生于珊瑚的圣诞树 /60
灯眼鱼——如手电筒一般的海洋闪光器 /61
五彩青蛙——从各个角度看都很迷人 /64
火焰贝——海洋中透红的火焰 /67
迷幻躄鱼——身披迷幻的色彩 /68
条纹躄鱼——毛茸茸的伪装大师 /70
彩带鳗——一边长大,一边变色,一边变性 /72
海鳃——长得像鹅毛笔的无脊椎动物 /74
奶嘴海葵——外形似奶嘴的海葵 /77
彩色地毯海葵——美丽的海底大地毯 /79
脑珊瑚——形如大脑的珊瑚 /80
海百合——开在深海的百合花 /81
蛋黄水母——海中的大煎蛋 /84

让人惊愕的海洋生物

筐蛇尾——海底美杜莎的头发 /86
狮鬃水母——世界上体型最大的水母 /89
后颌鱼——雄鱼用嘴孵化鱼卵 /90
红唇蝙蝠鱼——妖艳"辣眼"的长相 /92
灯塔水母——长生不老的水母 /95
膨胀鲨鱼——真正的海洋气功大师 /97
舒氏猪齿鱼——会使用工具的鱼类 /98

绚丽的虾、蟹

雪人蟹——会饲养细菌的深海生物 /100
招潮蟹——沙滩上的提琴手 /102
小丑虾——专门捕食海星的虾 /105
性感虾——会"搔首弄姿"的虾 /107
骆驼虾——草木皆兵的卡通虾 /109
美人虾——臭名昭著的虾 /110

形态别致的海鸟

海鹦——长得像鹦鹉的海鸟 /112
蓝脚鲣鸟——呆萌可爱的鲣鸟 /114
火烈鸟——如同熊熊燃烧的烈火 /118

豹鳎

鲨鱼都不敢惹的狠角色

豹鳎的身上有如豹纹一样的斑点，它虽然没有豹子那么灵活，但却是个狠角色，连海洋中的冷血杀手鲨鱼都不敢招惹它。

豹鳎属是一类生活在珊瑚礁海域的比目鱼，石纹豹鳎和眼斑豹鳎是其中最有名的两种，主要分布于印度洋、太平洋的热带海域。

豹鳎与其他种类的比目鱼不同，它的身上有斑驳、醒目如豹纹的斑点，而且体色会随着环境颜色的不同而改变。豹鳎的游泳能力不佳，因此它大部分时间会藏在2~40米深的珊瑚礁海域的沙

❖ 眼斑豹鳎

❖ 石纹豹鳎

❖ 藏于海底沙土中的豹鳎

❖ 体色随着环境变化的豹鳎

科学家将 0.2 毫升的豹鳎毒素注射到老鼠体内,老鼠先是痛苦地抽搐着,两分钟后就会一命呜呼。

土中,只露出两眼观察四周,坐等无脊椎动物和甲壳动物路过,然后只需轻轻喡一口就可以捕获猎物。

豹鳎身上共有 240 个毒腺,它们分布在背鳍、腹鳍等软条基部,每个腺体都有一个小开口,每当它受到刺激时,体表就能迅速分泌出剧毒的黏液——豹鳎毒素,仅需 20 分钟即可毒死周围的鱼类。

有人曾经做过这样一个实验:将一只豹鳎拴在海底,途经这里的鲨鱼发现后,不分青红皂白,一口咬住豹鳎,然后慌忙吐出,浑身抽搐,身体一下子好像僵硬了,在水中痛苦地翻滚、跳跃着,疯狂地摇摆着头,转圈,不顾一切地四处狂奔,许久才安静下来。

仅仅咬了一口,就几乎要了鲨鱼的命,可见豹鳎毒素有多么厉害,因此大部分海洋生物都对豹鳎避而远之,豹鳎也因此成了别的生物拟态的目标,它们仅凭类似豹鳎的夸张的警戒色,就可以在海底狐假虎威,横行无阻。

科学家发现,豹鳎毒素即使稀释 5000 倍,也足以使软体动物、海胆、海星和小鱼在几分钟内死亡。

❖ 拟态章鱼模拟豹鳎
拟态章鱼会将腕合并拖到身体后方,上、下摆动身体游动来拟态剧毒的豹鳎,以蒙骗、威慑猎食者。

火烈鸟舌蜗牛

海底最美丽的伪装者

火烈鸟舌蜗牛的外壳表面被颜色鲜艳且美丽的图案所覆盖，而且颜色越艳丽毒性越强，它还善于伪装自己，因而被喻为"海底最美丽的伪装者"。

火烈鸟舌蜗牛是一种栖息于大西洋和加勒比海珊瑚礁海域的海底蜗牛。

火烈鸟舌蜗牛的体型很小，只有约 2.5 厘米长，别看它的个头小，但它可以在不同的环境中捕食不同的猎物。火烈鸟舌蜗牛通过进食让外壳变得鲜艳，并融入环境色中，因此它又被喻为"海底最美丽的伪装者"。

❖ 火烈鸟舌蜗牛

❖ **美丽的火烈鸟舌蜗牛**

火烈鸟舌蜗牛的舌头上有很多尖刺,可以用来滤食小生物和避免吞入大块的物体。

火烈鸟舌蜗牛虽然会吃珊瑚,但不会在一个珊瑚群吃太多,而且它们离开后,珊瑚虫还会再生。

❖ **火烈鸟舌蜗牛的外壳**

火烈鸟舌蜗牛死亡后,没有营养物质滋养的外套膜便会脱落,美丽的图案也不复存在,只剩下普通的外壳。

　　火烈鸟舌蜗牛的体表通常会呈现鲜艳的橙色和黄色,并覆盖着形状不规则的黑色斑点,看起来与豹纹类似。事实上,火烈鸟舌蜗牛的外壳本身是白色或黄褐色的,并不艳丽,而我们所看到的鲜艳的颜色源于包裹其外壳的一层活性组织,这层物质含有毒素。

　　为了能让自己变得更鲜艳,火烈鸟舌蜗牛会主动进食有毒的柳珊瑚,摄取柳珊瑚的毒素,使身体的颜色愈发鲜艳且毒素更强。

　　火烈鸟舌蜗牛虽然有外壳保护,但是它的外壳并不坚硬,为了抵御体型较大的珊瑚礁鱼类和龙虾等天敌,它只能靠鲜艳的颜色来警告那些潜在的捕食者,如果艳丽的颜色威慑不住捕食者并受到它们的攻击时,火烈鸟舌蜗牛会迅速收起绚丽的色彩,使外壳露出本色(白色或黄褐色),让自己不再醒目,然后晃动裸壳搅浑海水后便不再动,让自己隐身以躲避敌害。

鸡心螺

会射出毒"鱼叉"的螺

鸡心螺的种类很多，它们的螺壳有不同的艳丽色彩和花纹，这对在沙滩上散步和在珊瑚丛中潜水的人来说无疑是一种诱惑，很容易吸引人们捡拾。然而，拥有美丽外壳的鸡心螺却并非人类掌中的玩物，它们一点儿也不温柔娇弱，还会为了摆脱骚扰而射出带毒的"鱼叉"。

鸡心螺又叫"芋螺"，主要分布于热带海域，如非洲沿岸、澳大利亚、新西兰、菲律宾及日本等地区，我国多见于南方，如福建、广东及台湾地区，它们喜欢待在珊瑚礁、岩石和沙质海底。

像蜥蜴、青蛙和蟾蜍一样捕食

鸡心螺因其外壳前方尖瘦，后端粗大，形状像鸡的心脏或芋头而得名。它们的外壳坚硬，呈纺锤形，有的壳表面平滑，有的壳有螺旋状装饰，它们的色彩及花纹都是斑斓多彩的。

有一种被人们称为"雪茄螺"的鸡心螺有剧毒，据说被它蜇后一般只剩下抽一支雪茄的时间用来抢救。

鸡心螺的种类有协和芋螺、字码芋螺、百万芋螺、耸肩芋螺、哈纹芋螺、海军上将芋螺、信号芋螺、红羽芋螺、将军芋螺、鼠芋螺、美塔芋螺、焰色芋螺、紫罗兰芋螺等，最常见的有7种，分别是海军上将芋螺、信号芋螺、鼠芋螺、美塔芋螺、紫罗兰芋螺、耸肩芋螺和哈纹芋螺。

❖ 鸡心螺的外观

❖ 鸡心螺

鸡心螺是最古老的海洋生物之一，最早出现在5500万年前，全世界有500多种鸡心螺，有的呈灰色和褐色，有的外壳上有精致图案，非常美丽和珍贵。

❖ 鸡心螺的"鱼叉"线条图

鸡心螺射出的"鱼叉"很小，以至于不注意根本看不清楚，上图为线条图，是放大后的"鱼叉"的样子。

❖ 鸡心螺射出的"鱼叉"

鸡心螺的"鱼叉"的形状各不相同，它是一次性用品，用完就扔。如果捕猎时没击中，鸡心螺会吐掉用过的鱼叉，另换一支，它的鱼叉袋里装着20多支鱼叉。

> 1998年，泰国一位重量级的政治人物，曾以阿迪瑞克斯为笔名，写过一本名为《金刚效应》的小说，其中有利用鸡心螺毒素暗杀美国总统的情节描述。
>
> 鸡心螺的所有毒素都是神经毒，因此科学界对其产生了浓厚的兴趣，通过对鸡心螺毒素的研究，发现它在医药领域有很大的用途。

鸡心螺是肉食性动物，通常捕食海里的蠕虫、小鱼及其他软体动物。它行动缓慢，在捕食时不会主动出击，而是"守株待兔"，像蜥蜴、青蛙和蟾蜍一样射出舌头，捕食靠近的猎物。鸡心螺射出的舌头的杀伤力远比蜥蜴、青蛙和蟾蜍的强，因为鸡心螺射出的是由齿、舌进化形成的"鱼叉"，而且"鱼叉"带有剧毒。

射出有毒的"鱼叉"

鸡心螺的"鱼叉"（舌头）是中空和尖锐的，隐藏在身体

❖ 捕食的鸡心螺

❖ 鸡心螺

前端部分的开口处,当猎物靠近时,它通过肌肉的收缩,将毒液装满"鱼叉",然后像发射子弹一样,迅速射出"鱼叉",猎物被刺中后,毒液便会顺着"鱼叉"注入猎物的身体,只需几秒钟,猎物便会肌肉痉挛。假如没有将猎物一次毒倒,使其完全失去战斗力,鸡心螺还会继续多次通过收缩肌肉注射毒液,直到猎物彻底放弃抵抗,然后鸡心螺便会收起它的鱼叉,将已被制服的猎物拖入口中,慢慢享受大餐。

至今已记载几十起由于鸡心螺毒液而导致人死亡的事件,被鸡心螺的"鱼叉"刺中的事件更是数不胜数。

有些鸡心螺的毒素与河豚和蓝环章鱼体内的神经毒素相同。

❖ 鸡心螺射出的"鱼叉"

鸡心螺的毒性极强

鸡心螺的毒性极强，据科学家研究分析，鸡心螺在世界最危险生物中位列第 27 名，它的毒液中含有数百种不同的成分，一只鸡心螺的毒素足以杀死 10 个成年人，而且不同的鸡心螺的毒液并不完全相同，不同种类之间的成分组成差异很大。

猎物在被鸡心螺攻击之前，由生物神经系统和肌肉系统控制着身体，一旦中了鸡心螺的毒素之后，生物神经系统与肌肉系统就会彻底失去控制。即便是人类被鸡心螺的"鱼叉"刺中，轻则剧烈疼痛、皮肤溃烂，重则致使心脏停搏，甚至会有生命危险。因此，如果在海边遇到鸡心螺，不要被它艳丽的外表诱惑，去触碰或者捡拾，否则有可能会酿成悲剧。

有一种被研究人员称为"金刚"的鸡心螺，被它的"鱼叉"射中的龙虾会产生像金刚一样的侵略性行为，直到死掉为止。

❖ 魔术鸡心螺
有科学家从魔术鸡心螺中提出毒素制成了止痛剂"Ziconotide"，其止痛效果强过吗啡 1000 倍，而且这种止痛剂还不会使人上瘾。

根据鸡心螺的食谱，可以将它们分为 3 类：吃鱼的；吃软体动物的，如其他海螺；还有吃虫子的。吃鱼的鸡心螺的毒性最大，能置人于死地的鸡心螺平时就以捕鱼为生。吃虫子的鸡心螺的毒性最小，被它咬一口，与被蜜蜂蜇一下差不多。

绣花脊熟若蟹

世界上已知最毒的螃蟹

谁都知道螃蟹最厉害的武器是一对大钳子，然而，拥有鲜艳外壳的绣花脊熟若蟹，却不靠大钳子御敌，而是靠体内的剧毒。

绣花脊熟若蟹得名于背部有鲜艳、红白相间、类似于马赛克的网格状花纹，故又称为马赛克蟹。它主要分布在我国台湾地区、东南亚各国、南太平洋群岛、澳大利亚、日本等地，一般栖息于水深10~30米、有岩石的海底。

绣花脊熟若蟹的体长约4厘米，宽约8厘米，头胸甲呈横椭圆形，表面光滑。

绣花脊熟若蟹是已知的世界上最毒的螃蟹。生活在不同海域的绣花脊熟若蟹的体内所含的毒素不太相同，如我国台湾海域的绣花脊熟若蟹含有河豚毒素，而生活在新加坡海域的绣花脊熟若蟹则含有海葵毒素。它们的毒素虽不同，但剧毒程度却相似，根据实验得知：一只成年绣花脊熟若蟹所含毒素足够将4.5万只小老鼠杀死，对于这样的"毒物"，人们还是敬而远之比较好。

大多数有毒的螃蟹都属于扇蟹科，它也是海洋中最大的蟹科，约有600种。它们身上的颜色比较鲜艳，一般在肌肉和卵中积累毒素，其中包括河豚毒素和食坊蛤毒素这两种最致命的天然毒素。这两种毒素只要0.5毫克就可以杀死一个成年人，而且具有热稳定性。哪怕煮熟了也会留在组织内，所以不能食用。

海洋中有剧毒的螃蟹有花纹爱洁蟹、铜铸熟若蟹、正直爱洁蟹、绿宝石蟹和绣花脊熟若蟹。

❖ **绣花脊熟若蟹**

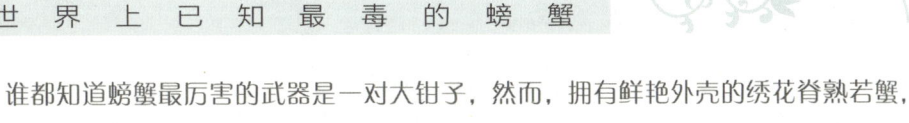

等指海葵

没脑子的智慧毒物

等指海葵拥有多变的颜色，看上去像海底盛开的花朵，但是它却拥有剧毒。等指海葵是一种没有大脑的生物，但是它却是一种有"智慧"的生物，它能主动选择栖息地，并能有策略地与对手作战；遇到天敌捕食时，它的逃跑方式更是堪称高智商。作为没有大脑的海葵，它的这些智慧行为，令人感到非常惊奇。

> 海葵的寿命大大超过海龟、珊瑚等寿命达数百年的物种，是世界上最长寿的海洋动物之一，有些深海海葵的年龄可达 1500~2100 岁。

等指海葵也叫草莓海葵，是一种含有剧毒的海葵属生物，主要分布于地中海、大西洋东部及苏格兰北部 2 米深的海水中。

很像水中飞舞的花朵

等指海葵与大部分海葵一样，构造非常简单，没有大脑，是捕食性动物。它的体型很小，最大仅 8 厘米左右，拥有多变的体色，身体从里到外呈圈状分布，而且每圈都有许多触手，最多时可达到 192 个，触手呈深红色或红褐色，有的色淡，呈乳黄色到粉红色皆有，看上去很像在水中飞舞的花朵。

❖ 等指海葵

等指海葵喜欢单独或群居于浅海岩壁的阴暗处或洞穴中，一般白天不会张开触手，大多数时间缩成球状，等亮度减弱后，才会逐渐张开触手。

> 等指海葵的毒素能使动物血压快速下降，心率减慢，呼吸抑制，从而导致动物死亡，因为这种毒素有降血压的功效，所以被用于制作降压药。

没有大脑却会争夺领土

等指海葵与其他海葵属生物一样，连大脑都没有进化出来，但是它却是一种有"智慧"的生物，会选择适合自己生存的水域，并且会想办法去争夺并占有。

等指海葵生活在食物丰富的水域，如果它发现有更好的水域，而正好有其他等指海葵已经占据时，它就会企图去争夺。它会挥舞着触手，慢慢地靠近其他等指海葵，企图恐吓对方离开，如果这一计不见效，它就会挥舞着触手，向对方刺扎，射出毒素，而被扎的等指海葵也不会示弱，更不会轻易逃离，而是反扎过来，双方要激战许久才会分出胜负，一般等指海葵之间的战斗，胜利者大都是体型较大者。

> 等指海葵称不上稀有动物，它甚至被人们养在鱼缸中，被称为"垃圾葵"。

等指海葵应对天敌的智慧

等指海葵有剧毒，所以很少有天敌，但是浅红副鳚、海星以及部分裸鳃类动物等会毫不手软地捕食各种海葵。等指海葵面对猎食者，不会坐等死亡，它会预判危险，一旦发现猎食者接近，便会迅速射出毒素，然后逃跑，而且逃跑路线并非朝一个方向，而是以曲折的路线行进，迷惑猎食者。猎食者往往几击不中便会放弃追捕。等指海葵有如此高明的逃跑策略，使人不得不怀疑它是否真的是无脑动物。

❖ 海星追捕等指海葵

纽扣珊瑚

美丽的毒"纽扣"

纽扣珊瑚多为绿色，也有一些会有更鲜艳的色彩，如黄色、橘色、粉紫色，还有一些会变种成大红色等。它就像盛开着的五彩斑斓的"花海"，让潜水者忍不住想去和它亲近、拍照，但是要小心，它会分泌出一种剧毒，其毒性在自然界中排名第二，所以不可小觑。

纽扣珊瑚非常漂亮，但是拥有剧毒，它是六放珊瑚的一种，是海葵的亲戚，因长得像纽扣而得名，常喜欢附着于浅海的岩石上或珊瑚礁上。

纽扣珊瑚拥有绚丽的外表，而且非常易养，只需投喂一些小型浮游生物或小虾便能养活。它没有攻击性，与其他鱼类或珊瑚也能"和平共处"，颇受许多人的喜爱，被养在家中，但是要小心，它含有剧毒。

纽扣珊瑚所含的毒素为海葵毒素，这种毒素能穿过人的皮肤使人中毒，还能根据温度的变化生成气体，而且少量的气体就能致人死亡。根据实验显示，1克海葵毒素就可以杀死30万只小白鼠和80个成年人，所以纽扣珊瑚不像其外表那样"无害"，无论是观赏还是饲养，都要加倍小心。

◆纽扣珊瑚

❖ 如"花海"般的纽扣珊瑚

在夏威夷有这样一个传说:毛伊岛上的一个村子被诅咒了。当年村民们藐视鲨鱼神灵,于是被鲨鱼吃掉。活着的村民将鲨鱼捕杀并肢解焚烧,随后将焚烧后的灰烬倒入哈纳镇附近的一个湖中。不久后,一种神秘的海藻在湖中生长。这种海藻被称为"致命的哈纳海藻"。如果谁不小心把鱼叉放入这个湖中,然后刺伤人,很快被刺伤的人就会被夺去生命。

到了1961年,一位科学家对这个传说中的湖泊进行了研究,发现"致命的哈纳海藻"原来是纽扣珊瑚的近亲(六放虫的一种)。

注意:不要因为纽扣珊瑚的魅力而忽略了它的毒性,不要让有破损的皮肤接触它,如果接触到了,用热水多冲洗一下,尽可能地分解海葵毒素。

❖ 外表绚丽的纽扣珊瑚

蓝环章鱼

世界"毒榜"魁首

在电影《007之八爪女》中，女主角是一位美丽的马戏团女郎"八爪女"，在她的生活中随处可见"八爪鱼"的形象，而这个"八爪鱼"就是蓝环章鱼。导演好像要以"八爪鱼"的形象暗示"八爪女"的性格。因为现实中，蓝环章鱼长得非常小巧可爱，全身图案似金钱豹纹，还会闪烁发光，非常独特，但它有剧毒，而且荣居世界"毒榜"魁首。

电影《007之八爪女》中"八爪女"衣服背后的图案就是一只大蓝环章鱼，而现实中的蓝环章鱼是一种很小的章鱼，主要栖息在日本与澳大利亚之间的太平洋海域中。

❖ 动漫《海贼王》中的蓝环章鱼杀手形象
动漫《海贼王》中的海贼团杀手豹藏，是一个外表像醉汉的剑士，实际真身是只蓝环章鱼。

❖《007之八爪女》

身体上密布着蓝环

蓝环章鱼又叫作蓝圈章鱼、蓝环八爪鱼等，它只有橘子大小，即便是将腕臂完全伸展也不会超过15厘米。蓝环章鱼是章鱼中体色最鲜艳的，其体表为黄褐色，上面密布着50~60个蓝环，因此得名。

蓝环章鱼天性胆小、害羞，白天大部分时间躲藏在岩石下，晚上才出来活动和觅食，可谓"毒"与"独"兼备。

"我是毒物，别靠近我"

动物们能在自然界生存下来，个个都有了不起的保命功夫，蓝环章鱼的保命技能更加独特。

蓝环章鱼的皮肤含有颜色细胞，它可以通过收缩或伸展皮肤，改变不同颜色细胞的大小，来

在小说《恐惧之邦》中，蓝环章鱼被称为"死亡蓝环"，并被反派角色当作瘫痪目标的武器使用。

改变身体的颜色，从而适应环境。即使在游动的时候，蓝环章鱼也会随着不同的环境而改变体色。

如果蓝环章鱼遇到威胁，它身上的蓝环会在1/3秒内进入闪烁模式，发出灿烂的亮光，以警告对方，"我是毒物，别靠近我"。如果警告无效，那么，蓝环章鱼就会释放毒素，一招制敌，因为蓝环章鱼有剧毒。

最毒的海洋生物之一

蓝环章鱼的个头虽小，但却是已知毒性最猛烈的动物之一，它的毒素是一种毒性很强的神经毒素，对具有神经系统的生物来说非常致命，其中包括我们人类。

一只蓝环章鱼所携带的毒素足以在数分钟内一次杀死26名成年人，而且目前还没有有效的抗毒素来预防它。

电视剧《重返犯罪现场》第五季的某一集中，蓝环章鱼毒素被列在武器的选单之中。

❖ **蓝环章鱼**

蓝环章鱼的神经细胞已经分化——它们就像电话线一样，组成了网络，它们能使生物电脉冲沿着神经细胞传递信息，并将信息迅速传递到身体的各个部位。

蓝环章鱼不会主动攻击人类，除非它们受到很大的威胁。大多数对人类的攻击发生在蓝环章鱼被从水中提起来或被踩到的时候。另一种头足纲动物——火焰乌贼也能制造与蓝环章鱼相似的毒素。

❖ **手掌中的蓝环章鱼（切勿模仿）**

❖ **趴在海底的蓝环章鱼**

蓝环章鱼的个头虽小，但分泌的毒液足以在一次啮咬中就夺人性命。由于目前还没有解毒剂，因此它是已知的世界最毒的海洋生物之一。

在威廉·柏洛兹的小说《西部的土地》中，蓝环章鱼毒也被当作武器来使用。

当生物被蓝环章鱼攻击后，毒素会在被攻击对象体内干扰神经系统，造成神经系统紊乱，这种神经系统的紊乱往往是致命的。

蓝环章鱼虽然有剧毒，但其因形象漂亮而成为景观、首饰等设计的元素。

❖ **蓝环章鱼首饰**

蓝环章鱼的毒液不仅有剧毒，而且还能阻止血凝，使伤口大量出血，被攻击者会感觉到刺痛，全身发热，呼吸困难，重者致死，轻者也需治疗三四周才能恢复健康。

蓝环章鱼由于拥有这种可怕的剧毒，所以成为国外文学作品和影视作品中的大反派，如前面提到的《007之八爪女》、美国小说《恐惧之邦》、日本动漫《海贼王》等作品中都能看到蓝环章鱼"毒"的一面。

❖ **蓝环章鱼纪念币**

花笠水母

美轮美奂的水母

花笠水母是一种含有剧毒的水母，它的体形很普通，半透明的伞盖上有暗黑色的条纹，但是它的触手颜色却十分丰富，有红色、绿色、黄色，甚至彩色，如此缤纷的色彩搭配在一起，不仅让人感觉美轮美奂，甚至仿佛能让人感觉到它的"毒"到之处。

花笠水母是水螅纲中为数不多的"大型"水母，因长得像人们戴的花礼帽而得名。它是少数底栖的水母之一，一生很少游动，主要生活在巴西、阿根廷、日本和我国的黄海和东海水域，在海床或海藻上捕食猎物。

花笠水母有两种触手

花笠水母的伞部直径可达 18 厘米，与那些伞部直径只有一两厘米的水螅水母相比，它简直就是"巨物"。

花笠水母的伞部辐射分布着黑色条纹，在每道黑色条纹末端都连接有一条触手，这些触手主要有两种。一种是数目众多的短触手，它们大量生长于

> **特别提示：** 不管何种水母或多或少都有毒，容易引起过敏反应，严重的可致死。所以在遇到它们时，应尽量保持安全距离或远离它们，以免受到伤害。

> 一眼看上去，人们能够看到花笠水母的内脏，它们在捕食时，会用布满刺细胞的触手麻痹小鱼后，将整条鱼直接吞下，再慢慢消化，因此如果有幸，还能够看到花笠水母内脏中的小鱼。

> 20 世纪 70 年代的日本曾出现过 1 例与花笠水母有关的死亡事件。

❖ 花笠水母

❖ 美轮美奂的花笠水母

花笠水母在不用触手的时候，会把触手绕在身体的边缘，看起来很像一顶带花的礼帽。

花笠水母是少数具有强烈毒性的水螅水母之一。

香港邮政于2008年6月12日发行了一套"水母"特别邮票，该套邮票首次采用特别印刷技术，具备夜光效果。6枚邮票分别为花笠水母、八爪水母、啡海刺水母、月水母、幽灵水母和太平洋海刺水母。针对水母会发光的特质，设计师在设计邮票时，特别加入了荧光元素。因此，在欣赏这套邮票时，关掉灯光，会看到邮票自身发出的完美光线。

❖ 邮票上的花笠水母

伞缘，少量分布在伞面上（极少种类的水母伞上有触手），短触手的末端呈荧光绿色和荧光玫瑰红色，十分美丽，这种触手主要起攀附与防御的作用；另一种触手很长，只分布在伞缘，数量较稀少，通常卷曲成弹簧形状，这种长触手的主要作用是捕食猎物。

美轮美奂

花笠水母的生殖器在伞下呈粉红色十字排列；它的嘴凸起并伸出一个垂唇，唇边能发出荧光，结合花笠水母的巨大伞盖和众多的长、短触手，看上去异常美丽。

在海洋生物中，很多生物都是越美丽就越危险，如火烈鸟舌蜗牛、鸡心螺、纽扣珊瑚等，个个美艳无比却也奇毒无比，花笠水母也是美丽毒物大家庭中的一员。花笠水母的体内含有剧毒，人若是被蜇，会引起剧烈疼痛，虽然很少有花笠水母蜇死人类的报告，但却有被蜇而休克的病例，所以在野外见到这种美丽的水母时，最好不要触碰它。

❖ 像礼帽一样的花笠水母

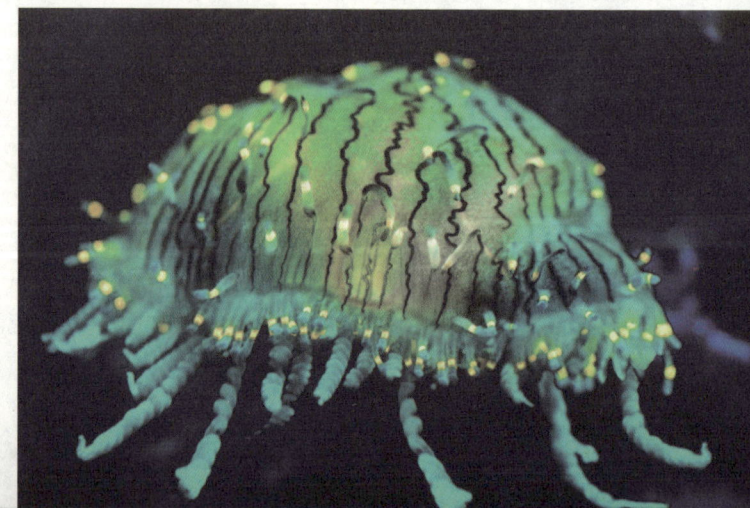

狮子鱼

威风凛凛的蓑鲉

狮子鱼身披"彩衣",它的背鳍、臀鳍和尾鳍都是透明的,上面点缀着黑色斑纹,全身装饰着众多的鳍条和刺棘,乍一看,如同京剧中武生的装扮一般,头插雕翎、身背护旗,一副威风凛凛的样子。

狮子鱼的学名为蓑鲉,主要分布在大西洋、印度洋和太平洋等珊瑚礁海域,它是世界上最美丽、最奇特的鱼类之一。

> 狮子鱼的毒刺平常藏在背鳍中,由一层薄膜包围着,当遇到敌害时,薄膜便破裂,从而用毒刺攻击对方。人若被刺后会剧痛,严重者呼吸困难,甚至晕厥。

带有剧毒的毒刺

狮子鱼的体长为25~40厘米,体表黄色,鱼头侧扁,背部长了许多漂亮的鱼鳍。狮子鱼最典型的特征就是有如同大大的扇子一样的胸鳍,上面布有红色到棕色条纹,外观华丽。

> 狮子鱼的长相有极强的视觉冲击力。在美国佛罗里达州和加勒比海附近的海域,这种鱼被认为是最具破坏性的外来物种。它们胃口极大,一餐可以吃掉很多生物。

❖ 狮子鱼

❖ 京剧武生——老照片

狮子鱼的背鳍、胸鳍，像极了京剧武生头插雕翎、身背护旗的样子。

狮子鱼鳍条的根部及口周围的皮瓣含有能够分泌毒液的毒腺。

据海洋专家粗略估计，每条雌性狮子鱼每年都会产至少 200 万枚卵，这可是不小的数字。

狮子鱼虽然美丽，但却非常危险，因为其背鳍上的刺的毒性很强。每当危险来临时，它就会尽力张开长长的鳍条，使自己看起来显得很大，同时用鲜艳的颜色警告对方。如果对方无视这种警告，它就会顶着毒刺向对方冲刺，使对方轻则麻痹，重则丧命。

狮子鱼的毒性在鱼类中仅次于刺鳐，因此在海洋中几乎没有什么天敌。

让人惊叹的进食能力

狮子鱼虽然有很大的鳍，但它不善于游泳，往往躲在礁缝或珊瑚丛中伏击猎物。捕猎时，狮子鱼会舞动长鳍条，迷惑小鱼，一旦有小鱼进入伏击圈，它就会猛地把四面飞扬的长鳍条收紧，然后一下子窜过去，直接咬住猎物。

狮子鱼的食性很杂，几乎是有什么吃什么，而且胃口很好，它的猎食原则就是只要嘴能塞得下，那就吃得下。曾有研究显示，狮子鱼在半小时内吃掉了 20 条鱼，堪称大胃王。

❖ 触须蓑鲉

❖ 拟蓑鲉

❖ 狮子鱼组图

让人惊叹的繁衍速度

到了繁殖期，雄性狮子鱼的体色就会变暗发黑，颜色更均匀，而且颜色越黑的雄鱼，越容易受到雌鱼的喜欢。这个时期，雌鱼体色则会变得苍白，它们会寻找体色特别黑的雄鱼，然后紧紧跟随，有的雄鱼会有很多雌鱼跟在后面示爱。雄鱼会选择其中一条"心爱"的雌鱼，并围着这条雌鱼转圈，这时其他的雌鱼就会很失落地离开，雄鱼会带着这条"心爱"的雌鱼，从海底游向海面，然后互相碰腹鳍，再对游几圈，便开始做"羞羞"的事了，最后完成受精、排卵。据研究，狮子鱼特别能生，一条雌性狮子鱼每次可产卵1.5万枚，而且每隔4天就能产一次卵。

美丽的生态杀手

狮子鱼以珊瑚礁为家，以惊人的速度繁殖，每天敞开肚子胡吃海塞，而且身上还有毒刺，吓跑了捕猎者，即使是鲨鱼也不愿靠近狮子鱼。仅凭这几种能力，就决定了它将霸占海洋。

狮子鱼吃掉了能让珊瑚健康成长的鹦鹉鱼的卵和幼鱼，因为鹦鹉鱼可以替珊瑚清理身上的藻类；它还吃掉了能帮助鱼类清除寄生虫的"鱼大夫"，以及石斑鱼、鲷鱼的幼鱼和卵等。

狮子鱼靠嘴、毒以及不断繁殖开疆辟土，只要环境适合，它们就会疯狂地繁殖，有些狮子鱼泛滥的地方，本地物种甚至下降了90%！已严重破坏了当地的海洋生态系统。

人类一旦被狮子鱼蜇到，伤口会肿胀，并伴有剧烈的疼痛，有时候还会发生抽搐。狮子鱼的毒素是一些对热很敏感的蛋白质，而蛋白质在遇高温、碱、酸和重金属时都会变性，根据这一特性，若被刺伤，应马上将伤口浸入45℃以上的热水中30~60分钟，既可缓解疼痛，也可以分解一部分毒素，然后尽快就医。

❖ 繁殖期的雄性狮子鱼

无奈之下，海洋保护组织只能派人潜入水下，将狮子鱼刺死后再喂食鲨鱼，以培养鲨鱼捕食狮子鱼的兴趣，但这只能稍微扼制狮子鱼的数量疯狂增长的势头。此外，在有些狮子鱼泛滥的海域，当地还公布了烹饪狮子鱼的方法，希望能发挥"吃货"的能力，用人类的胃来拯救被狮子鱼破坏的生态环境！

❖ 繁殖期的雌性狮子鱼

在美国佛罗里达海域，由300多名获颁专业执照的潜水员组成的捕杀队，已开始对加勒比海地区开曼群岛附近水域的狮子鱼进行捕捉，以遏制它们对周围水域生态环境的破坏。

狮子鱼的食量惊人，一条狮子鱼半小时内可以吃掉20条小鱼。如今，狮子鱼在加勒比海分布广泛，并已严重危害一些渔业资源稀缺、潜水者众多的区域的生态环境。

19世纪末，有一些水族爱好者无意中将狮子鱼放生到加勒比海和美国东南海域，仅仅过了20年的时间，狮子鱼就迅速占领了加勒比海和墨西哥湾，南至哥伦比亚和委内瑞拉，北至美国北卡罗来纳州的海域。

❖ 抓捕狮子鱼

角箱鲀

脾 气 温 和 的 狠 角 色

角箱鲀颜色鲜艳，是一种头上长犄角的鱼，它虽然脾气温和，但却是个狠角色，在遇到攻击和"心情"不好的时候，就会毫无顾忌地释放毒素，有时候连自己都可以一起毒死。

角箱鲀的品种很多，常见的有牛角箱鲀、线纹角箱鲀、棘背角箱鲀等，它属于热带近海底层鱼类，主要分布在印度洋和太平洋海域，栖息于水深3~80米的珊瑚礁区。

❖ 古画中的角箱鲀

长相怪异

角箱鲀长得非常怪异，体长10~25厘米，身体被硬骨板包裹，全身呈方形，体色一般为鲜绿色、黄色、黄褐色等，头部有白色或蓝色的斑点和条纹，身体上有蓝纹，眼上方有一对牛角状长棘，腹侧棱突出，其后端有一对向后的长棘。

角箱鲀幼鱼时常隐藏在海藻中随波漂流，成年后会在沿岸浅海岩礁区或海藻丛中生活，其主要靠觅食各类有机质碎屑、甲壳类、贝类、小鱼、小虾等成长。

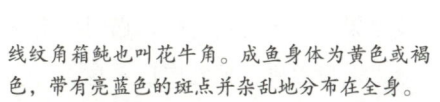

线纹角箱鲀也叫花牛角。成鱼身体为黄色或褐色，带有亮蓝色的斑点并杂乱地分布在全身。
❖ 线纹角箱鲀

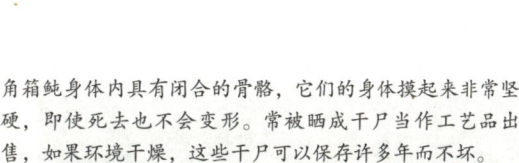

角箱鲀身体内具有闭合的骨骼，它们的身体摸起来非常坚硬，即使死去也不会变形。常被晒成干尸当作工艺品出售，如果环境干燥，这些干尸可以保存许多年而不坏。
❖ 角箱鲀工艺品

❖ 牛角箱鲀

牛角箱鲀又名黄角仔，也被称为"水中金牛"，身体呈鲜绿带黄的颜色。

❖ 棘背角箱鲀

棘背角箱鲀体褐色，腹面色较浅。体甲散布一些不规则的褐色条纹，头部和尾柄上有小黑点。尾鳍淡色，且有6条褐色横纹。

❖ 化石中的宋氏始角箱鲀

古老的化石中的宋氏始角箱鲀是如今的角箱鲀的近亲，额部有一只多出来的小角，比如今的角箱鲀的更长、更夸张。

狠起来以命相拼

角箱鲀性情温和，但却是个狠角色，其牛角状的长棘十分锋利，不仅可以抵御猎食者的进攻，还可以在遇到攻击或伤害时释放毒素，毒晕或毒死对手，有时甚至连自己都一起毒死。

角箱鲀从不主动攻击人类，但是人类要想徒手抓住它也并非易事，曾经有渔民将几只角箱鲀追赶至海滩边，角箱鲀在无路可逃时，对着渔民发出"哞、哞"的声音，如同老牛的叫声一般，不一会儿，整个海滩聚集了上千只角箱鲀，它们集体释放毒液，以命相拼，翻肚皮自杀身亡，吓得渔民赶紧逃上了岸。

角箱鲀的毒虽不属于剧毒，但仍然具有一定的杀伤力，加上这种不要命的精神，确实让海洋中的大多数猎食者，以及人类不敢轻易去招惹它。

❖ 福氏角箱鲀

福氏角箱鲀的身体为黄色，头上有白色或蓝色的斑点与条纹，身体上有蓝纹。

角箱鲀因为长相奇特，常被作为观赏鱼饲养，但是，如果它的"心情"不好了，就会释放毒素，将周围的鱼全部杀死，其中也包括它自己。

条纹睡衣鱿鱼

鱿鱼家族中的毒王

条纹睡衣鱿鱼的全身有着非常显著的斑马条纹,如同穿着条纹睡衣的胖子,这种黑白相间的外表让它看上去很可爱,但让人吃惊的是,它是鱿鱼家族中的毒王。

条纹睡衣鱿鱼主要栖息于太平洋以及大洋洲南部、东部、西部等地的浅水海域。

条纹睡衣鱿鱼为小型底栖生物,它仅有5厘米左右大小,体宽短,后部圆,背部前缘与头部愈合,体色呈黑白条纹状,特点十分鲜明,极易辨认。

白天,条纹睡衣鱿鱼常喜欢隐藏在海底岩礁洼地的沙土之中,仅露出双眼。到了夜间,它便会在沙地里或珊瑚、草丛中,捕食片脚类、等脚类和其他小型甲壳动物。

条纹睡衣鱿鱼虽然看起来很可爱,但它却是鱿鱼家族中的毒王之一。在受到威胁时,它会释放有毒的黏液,它与火焰乌贼、蓝环章鱼一样,都是头足纲中为数不多的有毒动物。

条纹睡衣鱿鱼的卵子分批成熟和产出,卵包于胶质卵鞘中,卵从几枚至几百枚,甚至从几百枚至几万枚不等。

❖ 条纹睡衣鱿鱼

僧帽水母

色彩绚丽的杀手

僧帽水母全身通常是明亮的紫色或蓝色，就像漂浮在海面上的气球或彩带，随波逐流，在阳光下不停地闪烁着，看上去绚丽多彩，让人有想去触摸的冲动。然而，它的触须上却布满了无数含毒的刺细胞，里面的毒液和眼镜蛇的毒液一样致命。

僧帽水母主要分布在亚热带海域，一般出现在墨西哥湾暖流中，常被风吹到海边或随海流运动，以小鱼、浮游生物和其他水母为食。

水螅的群居体

僧帽水母并不是一只水母，而是水螅的群居体，而且每一个水螅个体都高度的专门化，互相紧扣，它们不能独立生存。

僧帽水母的直径为10~15厘米，其漂浮在水面上呈淡蓝色、透明如彩虹囊状般的浮囊体前端尖、后端钝圆，顶端耸起呈背峰状，形状颇似出家修行的僧侣的帽子，故被取名为僧帽水母。

僧帽水母喜欢过集体生活，各大暖海中都有它们的踪迹。僧帽水母的浮囊上有发光的膜冠，能自行调整方向，借助风力在水面上漂行，酷似16世纪的葡萄牙战舰在海面上航行，因而也被称为"葡萄牙军舰水母"。

❖ 僧帽水母

僧帽水母分泌的毒素属于神经毒素，随着时间的推移，毒素的作用逐渐加重，伤者除了遭受剧痛之外，还会出现血压骤降、呼吸困难、神志逐渐丧失的情况，并会休克，最后因肺循环衰竭而死亡。

❖ 被海浪冲上沙滩的僧帽水母

致命的杀手

僧帽水母是海洋中最致命的杀手,它的浮囊体下方呈青蓝色,有长达 12 米的带毒刺的触须,因此对海洋动物、潜水者和游泳者来说都十分危险。很多时候,当潜水者或游泳者看到僧帽水母时,再想躲避就已经来不及了,因为僧帽水母的触须已经悄然地将人缠住。

僧帽水母触须上的刺细胞会分泌致命毒素,虽然单个刺细胞所分泌的毒素微不足道,但是成千上万个刺细胞同时分泌毒素,其毒性不输于当今世界上任何的毒蛇的毒液。

据资料显示,被僧帽水母蜇成重伤的人中,生还者仅有 32%,而且这部分人中还有很多人会因此致残,更让人恐惧的是,几乎每个被僧帽水母蜇伤的人,即便无生命危险,身上也都会留下无法祛除的伤痕。

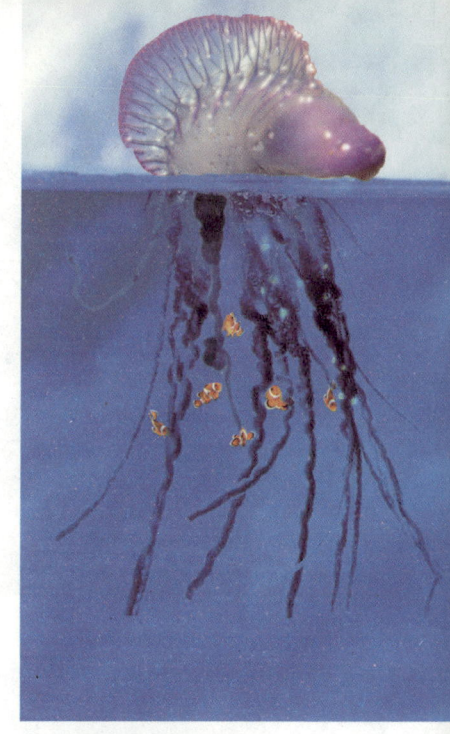
❖ 与僧帽水母共生的小鱼

微妙的共生

僧帽水母的触须有剧毒,但是却有很多海洋生物并不在意。比如,美国作家海明威在《老人与海》中曾这样描述:"那位老渔民从小船上向海中望去,看见一些小鱼,它们的颜色变得跟那些拖长的触手一样,并且在触手之间,在漂浮的气囊所构成的阴影下面游动着。触手上的毒伤害不了它们……"《老人与海》中描述的就是一群小鱼与僧帽水母共生的场景。

有一些小鱼能在僧帽水母的触须中生存,如小丑鱼、巴托洛若鲹和军舰鱼等,它们身上有黏膜保护,不会刺激僧帽水母的触须,因此不会被蜇。这些小鱼会将僧帽水母作为它们的靠山、生活基地,平时在僧帽水母周围活动,一旦有大的猎食鱼类出现,它们就会迅速逃入僧帽水母的触须中,而被吸引过来的猎食者,往往会被僧帽水母的"毒手"抓住,成了它的美餐。僧帽水母会与这些小鱼一起分享食物,它们之间形成了一种微妙的共生关系。

❖ 被僧帽水母蜇死的鱼

❖ 蓝龙在吃僧帽水母

蓝龙常年生活在浅海中，通常以水螅、水母等为食，它还能将水母的毒素存储起来，遇到威胁时可以释放这些水母毒素。

僧帽水母的克星

僧帽水母是绝大多数海洋猎食者不敢惹的毒物，然而，它们却是大海龟和某些海蛞蝓（蓝龙）的美食。

海明威在《老人与海》中也有描述僧帽水母被海龟吞食的场景："带彩虹的气泡很美丽，然而它们是海里极其虚幻的东西，老头儿喜欢看巨大的海龟在吃它们。海龟发现它们以后，就从下面游到它们跟前，然后闭上眼睛，身子完全缩在龟甲里，再把它们连同触手一并吃掉……"

能吃僧帽水母的海龟有好多种，如棱皮龟和蠵龟等，它们对僧帽水母的毒液有天生的免疫力。棱皮龟或蠵龟发现僧帽水母群后，会毫不犹豫地冲进去，然后开始疯狂地撕咬，吞食僧帽水母，即便是比较脆弱的眼睛被僧帽水母蜇肿，它们也不在意，因此僧帽水母遇到大海龟后，也只能听天由命，任其吞噬。

❖ 冲入僧帽水母触须中的棱皮龟

僧帽水母的毒性非常强，即便是没有生命危险，任何被蜇伤者的身上都会出现恐怖的类似于鞭笞的伤痕，经久不退。

僧帽水母的毒是一种神经毒，半尺长的鱼如果被它的触须缠住，很快就会死去。

石头鱼

世界上最毒的鱼之一

石头鱼貌不惊人，喜欢躲在海底或岩礁中，将自己伪装成一块不起眼的石头。如果有人不留意踩着了它，它就会毫不客气地立刻反击，从背鳍射出致命的剧毒。石头鱼是自然界中毒性很强的一种鱼，它的"致命一刺"被描述为给予人类最疼的刺痛。

石头鱼光滑无鳞，嘴形弯若新月，圆鼓鼓的鱼腹白里泛红，鱼脊呈灰石色，隐约露出石头般的斑纹。它主要分布于菲律宾、印度、日本和澳大利亚海域，我国盛产于台湾地区和江南一带，因其像玫瑰花一样长有刺且有毒，因此又被称作"玫瑰毒鲉"。

伪装高手

石头鱼形状恐怖，体貌丑陋，眼睛特别小，深凹在头顶，身体长度30厘米左右，重1~1.5千克。石头鱼能像变色龙一样，体色随着环境的改变而改变，它能将自己伪装成一块身上携带土黄色或者橘黄色纹理的石头，躲在海底的石堆、沙土或岩礁中，人类和猎食者很难发现它。

石头鱼平时很少活动，也很少主动攻击猎物，总是在隐藏地点，耐心等候猎物靠近，然后用它的背鳍中的毒鳍直接刺伤对方，使之中毒，猎物会瞬间瘫痪甚至死亡。

❖ 石头鱼

石头鱼还有肿瘤毒鲉、虎鱼、拗猪头、合笑、沙姜蛟仔等名字。

食用石头鱼前，需小心地将它们背鳍中的毒鳍去除，千万别让它刺破皮肤。

世界上最毒的鱼之一

石头鱼被称为世界上最毒的鱼之一，它的毒性绝不逊于海蛇，其背鳍中有12~14根像针一样锐利的毒鳍，鳍下有毒

❖ 伪装后的石头鱼

传说上古时代,天空出现了一个大洞,女娲娘娘伤心的泪水滴落在土地上,竟变成了五彩斑斓的彩石。女娲娘娘便把这些彩石带到天上补天。女娲娘娘忙着补天的过程中,有一块小彩石掉进了大海。天被补好了,可那块掉入大海的小彩石却依旧在等着女娲娘娘,小彩石等啊等啊,这一等就是几千年。后来,这块小彩石便成了海底的精灵,变成了长相如同彩色礁石一样的"石头鱼"。

腺,而且每个毒腺直通毒囊,毒囊内藏有剧毒的毒液。当毒鳍刺中猎物或者入侵者时,毒囊受挤压,便会射出毒液,沿毒腺及鳍射入猎物或者入侵者体内,毒液会导致对方瘫痪甚至死亡。

石头鱼不会主动用毒鳍攻击对手,仅仅是在捕猎或者防御强敌时使用。如果有人不幸被毒鳍刺中,切不可掉以轻心,必须及时去往附近的医院救治。

❖ 石头鱼豆腐汤

石头鱼没有其他骨刺,肉厚且多,常见的食用方法是煮汤和清蒸。

石头鱼的浓汤味极鲜美,但是需要煮几小时,味道才够鲜美。如果时间不允许,可以选择清蒸,鱼肉清蒸后,颜色很白,鱼肉很鲜、很滑。

❖ 在海底伪装的石头鱼

药用效果极佳

　　石头鱼虽然丑陋、有剧毒，但却肉质鲜嫩，骨刺少，营养价值很高，尤其是春、夏两季最肥，入冬后鱼味更鲜。据记载，公元1880年，晚清重臣李鸿章还曾派专员采办石头鱼，作为宴请各国驻华使节及外交官员的席上珍品。

　　此外，石头鱼还具有众多药用功效，如清炖石头鱼，具有滋补、生津、润肺、强肾和养颜的药用功效。明代李时珍撰写的《本草纲目》中记录了石头鱼能够治疗筋骨痛，有温中补虚的功效。

石头鱼的鱼鳔晒干后，加工成鱼肚用来氽汤，入口爽滑，为席上珍品，可与上等的鱼翅、燕窝媲美。

石头鱼与海蛇，谁的毒性更厉害？曾有渔民出海捕鱼时，发现海蛇咬住了石头鱼，而石头鱼也咬住了海蛇，经过一会儿的纠缠之后，双方都被对方毒死了。

传说在远古时代，炎帝与黄帝发生了激烈的争战，双方打得难解难分，黄帝派巨人族搬来巨石挡住了大小河流，企图水淹炎帝部族，因此造成河流堵塞，洪水泛滥，大片良田被淹，百姓怨声载道。炎帝见状，派出刑天，手持巨斧对着挡住河流的巨石一通挥舞，一时间雷鸣电闪，山石乱飞，纷纷坠入江河之中化成鱼，百姓捕食充饥，因此人们将这种鱼叫作"石头鱼"。

我国江南沿海的渔民在出海捕捞时，为了救治被石头鱼刺伤的人，常会准备各种解毒药，如"还魂草"；或者中毒后用俗称"石拐"的"禾捍草"，以樟木煎水浸熨敷治。

萌的海洋生物

海兔

超萌可爱的海蛞蝓

海兔不是兔子,它的身上一前一后长有两对触角,后面一对触角分开并呈"八"字形,斜伸着,嗅寻着四周的气味。休息时,它的触角并拢,笔直向上,恰似一只蹲在地上竖着一对大耳朵的小白兔,超萌可爱。

海兔既不是兔也不是蛞蝓,而是螺类的一种,它的踪迹遍及全球海域。

分工明确的身体构造

海兔是海蛞蝓中最具代表性的一种,头上有两对分工明确的触角,前面一对稍短,专管触觉;后一对稍长,分开并呈"八"字形,专管嗅觉。

海兔的体型较小,一般体长仅10厘米,体重130克左右,身体呈椭圆形,它和其他海蛞蝓一样,没有石灰质的外壳,而是退化成一层薄而透明、无螺旋的角质壳,被埋在背部外套膜下,从外表根本

两只海兔的交配通常会有3种情况:一种情况是通过战斗决定雌雄性别。在动物世界里,为争夺交配权进行战斗的情况时有发生。但海兔的情况则更为惨烈,因为谁一旦打输了就会变为雌性,从怀胎产卵到抚养下一代全权负责;另一种情况则相对温和,两只海兔交配后会进行"性别互换",开始进行第二次交配。还有一种情况,也是最常见的,它们会群体形成串联,一起交配。

这种海蛞蝓身体表面有一些小的感官结节,有些大的结节就形成了"耳朵",看上去与毛茸茸的兔子很像,最早被罗马人称为"海兔"。后被世人所公认,因而得名。日本人称它为"雨虎"。

❖ 海兔

看不到（这一点和蛞蝓相同，故又名海蛞蝓）。海兔的足相当宽，足叶两侧发达，平时海兔用足在海滩或水下爬行，并借足的运动进行短距离游泳，运动时它的身体会变得细长。

吃什么颜色的海藻就变成什么颜色

海兔和大部分海蛞蝓一样，喜欢在海水清澈、水流畅通、海藻丛生的环境中生活，主要以各种海藻为食。它们的体色会随着进食的海藻的颜色改变而改变，如果进食绿色海藻，其体色就会变成绿色；如果进食紫色海藻，那么它们的体色就会逐渐变成紫色；除此之外，有的海兔还能长出绒毛状和树枝状的突起，从而让自己隐藏起来，不让猎食者发现，避免了不少麻烦和危险。

海兔的主动防御能力

海兔除了能靠隐身来消极避敌外，还具有主动防御能力，它的体内有两种腺体，

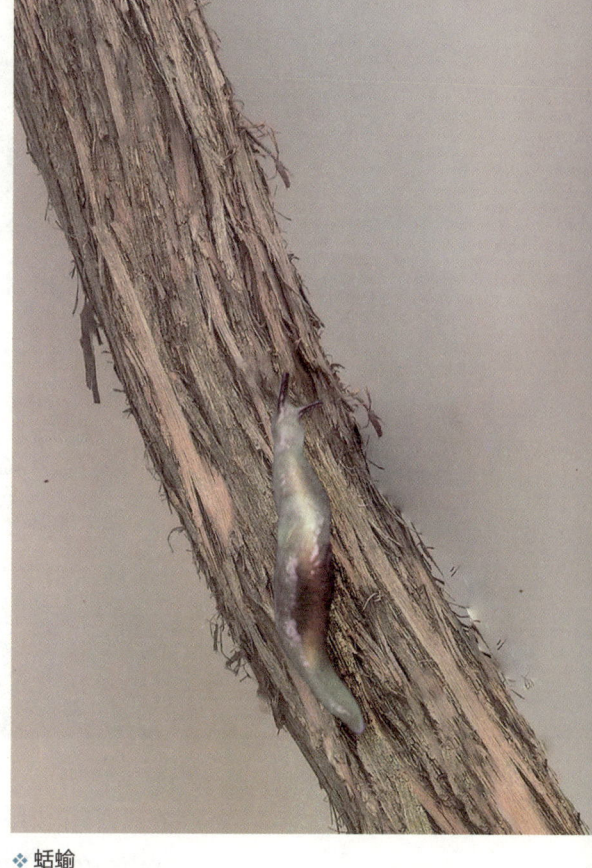

❖ 蛞蝓

蛞蝓又称蜒蚰，俗称鼻涕虫，是一种软体动物。海蛞蝓是长得像蛞蝓的海洋生物，而海兔又是海蛞蝓中最常见、最具代表性的一种。

常有人以为海蛞蝓就是海兔，有些书可能还会告诉你，海蛞蝓又称海牛、海麒麟、海鹿等，其实海蛞蝓是多种壳已经消失或退化的腹足动物的泛称，海兔、海牛、海麒麟、海鹿等分别是海蛞蝓中的一种。

❖ 长出绒毛状突起的海兔

❖ 软萌萌的海兔

在遇到危险时，一种腺体能释放出一种体液，很快将周围的海水染色，借以逃避敌人的视线；还有一种腺体是毒腺，能释放出气味难闻的乳状毒汁，一般情况下，敌人闻到这种气味，就会远远地避开，因为这种乳状毒汁是一种"化学"武器，能使大部分猎食者中毒受伤，甚至死去。

❖ 移动中的海兔

奇特的繁殖方式

海兔和大部分海蛞蝓一样，属于雌雄同体，它们体内同时拥有雌性器官和雄性器官，但是它们需要进行异体受精才能繁殖。

每年春天都是海兔的繁殖季节，常常会有几只到几十只海兔，成串地如电磁正、负极一样串联在一起交配，这个时间会持续数小时，甚至数天之久。

海兔会在交配过程中或分开几小时后产卵，它们产出的卵子会相互由分泌的胶状物黏成一串卵链，有的可长达几百米，外表看上去如粉丝，广东沿海将其称为"海粉丝"。

海兔产卵甚多，据科学家统计，1米长的卵链上就有 6000 颗左右的卵，但能孵出的极少，因为大部分都被各种动物吞食掉了。最终孵出的海兔，经过 2~3 个月后就能发育成成体。

❖ 进食绿色海藻的海兔

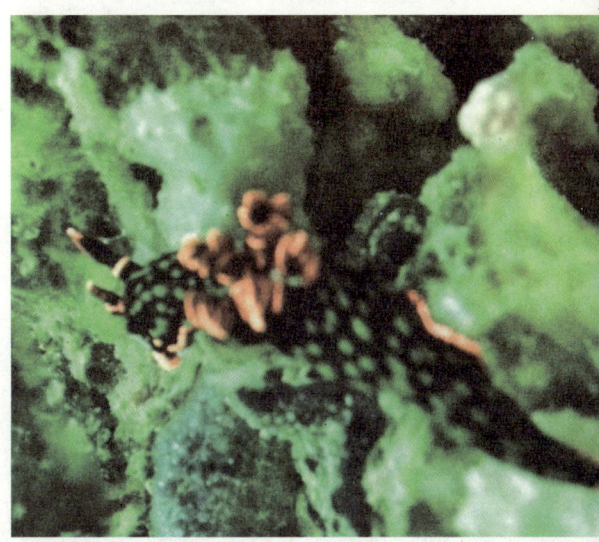
❖ 进食红色海藻的海兔

海洋中还有一种叫碎毛盘海蛞蝓的动物，长得十分像兔子，也常常被称为"海兔子"，其实它不是海兔，而是盘海牛科的生物，它和海兔只能算是亲戚。

❖ 进食紫色海藻的海兔

叶羊

靠晒太阳就能活命

能进行光合作用是陆地植物的标志,多数动物如果想靠光合作用苟活,都只会入不敷出。生活在海底的叶羊却打破了绝大部分人的认知,因为它能靠光合作用度过一生。

叶绿素能吸收阳光总能量的3%~6%。就算人们躺在地上接收一整天的阳光,摄取的能量还不如我们吃上几把谷子。因此,一般可以简单粗暴地认为,动物很难仅靠光合作用生存,只有植物可以靠光合作用生存。但是这一点却被生活在海洋中的叶羊打破,因为它是一种能依靠光合作用度过一生的动物。

叶羊是一种藻类海蛞蝓,身体上有一层薄薄的皮壳,主要分布在日本、印度尼西亚、菲律宾等海域。

叶羊的身体只能长到5毫米长,其外形就像小绵羊一样,有毛茸茸的触角,小而明亮的眼睛,而且像羊一样也是以草类(海藻)为食,于是被人们亲切地称为"叶羊",又称为小绵羊海蛞蝓。

❖ 叶羊

叶羊能利用进食到体内的"草类"为身体提供养分，然后只需像植物一样，每天晒晒太阳，就能将食物中的叶绿素转化成身体所需要的能量，当身体养分不足时，只需吃几口身边的海藻，再继续晒太阳就能存活。

叶羊的这种生存技能就像生命中的"黑科技"，它是迄今为止唯一可进行光合作用的动物。这种可以将食物中的叶绿素转化到自己体内，并为自己所用的过程，生物学将其称为盗食质体。

❖ 叶羊造型的饰品

叶羊是通过体外受精繁殖的，在经过孵化且没吃海藻前，它们的身体呈透明状，直到开始进食藻类，体色才会慢慢变成绿色，这也意味着它们发育成熟了。

没吃海藻前，叶羊的身体呈透明状。

❖ 叶羊幼虫

皮卡丘海参

可爱的海底皮卡丘

动画片《神奇宝贝》中有一只可爱的黄色皮卡丘,而在海洋中也有一种长相如同"皮卡丘"的生物,其外形可爱到超越了人们的想象。

❖ 皮卡丘与皮卡丘海参
有人把皮卡丘的玩偶模型放到皮卡丘海参旁做对比,两者看上去十分相似。

❖ 皮卡丘海参
长期以来,只有科学家知道太平洋多角海蛞蝓的存在,直到一位日本名人在电视中对皮卡丘海参进行专题报道之后,这种"海参"才在日本流行起来。

皮卡丘海参并非海参的一种,而是指太平洋多角海蛞蝓,因为看上去非常像动画片《神奇宝贝》中的皮卡丘而得名,它主要栖息于印度洋及西太平洋,不过,在墨西哥湾也曾发现过它的身影。

世界上有2300多种海蛞蝓,太平洋多角海蛞蝓只是其中的一种,它是一种无壳的软体动物,有一对触角,通常体色间有极度的反差,表面大都是鲜艳的黄色,其间零星地分布着小黑点,在它像耳朵一样的嗅角处有黑色斑点,尾巴末端和身体上则有蓝色斑点。

草海龙

像一株漂浮的海草

草海龙的身体由骨质板组成，是海洋中的伪装大师。无论是形态、生活习性和食物习性，它都与海马很相似，但是其身形却比海马更加迷幻。

草海龙又称为澳洲叶海马鱼，主要分布于南澳大利亚南部及西部海域，通常生活在4~30米深的礁沙混合的暖海区。

草海龙极度不善于游泳，所以每年都能够在南澳大利亚的海滩上发现被冲上岸的草海龙。

叶海龙与草海龙都是鱼类，两者体型差不多，不同之处在于：草海龙有红色、紫色与黄色等颜色，有的胸上有宝蓝色条纹，身上和尾部的附肢比叶海龙细小许多，外表比较接近海马；叶海龙身上布满形态美丽的"绿叶"，游动起来摇曳生姿，被称为"世界上最优雅的泳客"。

❖ 叶海龙

❖ 草海龙

草海龙以小型甲壳类、浮游生物、海藻、糠虾、海虱和其他细小的漂浮残骸为食。然而，它们却没有牙齿，它们靠长得像吸管一样的嘴巴将食物吮吸进肚子。

伪装大师

草海龙是海洋中杰出的伪装大师，它的身体由骨质板组成，并向四周延伸出一株株海藻叶一样的瓣状附肢，因为个体差异以及栖息海域的深浅，其体色从绿色到黄褐色，如果它不动，就像一片漂浮在水中的海藻。

草海龙属于独居动物，常成单或成对一起行动，大部分时间都待在海藻中，因此只有在摆动它的小鳍或是转动眼珠时才会暴露行踪。

角色颠倒的繁殖方式

草海龙体长45厘米左右，雌性的躯干比雄性的更宽厚，雄性的体色较雌性的更深。草海龙与海马一样，在孵育后代的过程中也存在"角色颠倒"的现象。

每年繁殖季节，雌性草海龙会将200粒左右的卵排放在雄性草海龙尾部的育婴囊中，雄性草海龙的育婴囊由两片皮褶构成，卵需在育婴囊中待上大约2个月的时间才能孵化成幼体，幼体继续在雄性草海龙的育婴囊中待 2~3 天，便开始脱离雄性草海龙的照顾，在大海中自生自灭。在自然环境里，最后只有 5% 的小草海龙有存活到长大的机会。

岌岌可危的生存现状

草海龙虽然不像其他神秘海洋动物那样难觅踪影，但如今其数量也变得越来越少了。由于环境污染和工业废物流入海洋，草海龙的生存受到很大的威胁，加上草海龙不善于游泳，以及其极高的观赏价值，使这一类珍稀动物被大肆捕捉，如今更是相当稀少珍贵，已濒临灭绝。

❖ 澳大利亚海岸线上的草海龙浮雕

❖ 雄性草海龙

草海龙的繁殖期是每年的 8 月和次年的 3 月，其从产卵、受精、孵化到存活的概率都很低，仅有 5%，因此澳大利亚有关部门已将草海龙列为重点保护珍稀动物。

剃刀鱼

让人惊艳的海底拟态鱼

剃刀鱼身上布满彩色的花纹，可以随时改变体色，伪装成树叶、海草、珊瑚、羽毛等，与周围环境完美地融为一体，使猎物和猎食者都无法发现它。

剃刀鱼别名彩点刀，它和海马、草海龙、叶海龙是亲戚，同属海龙亚目，因此也被称为假海龙，原产于西太平洋和印度洋的热带海域。

剃刀鱼与草海龙长得很像，只是体型小很多，它们只有10厘米长，从嘴吻到躯干布满须状突起，吻很长，呈管状，口小而斜。背鳍、臀鳍、腹鳍和尾鳍呈锯齿形的边缘，形如树叶般多姿多彩。

剃刀鱼的性情温和，常常成对出现，偶尔也有小群聚集，通常生活在有藻类的珊瑚礁区，拟态成珊瑚、枯叶、水草或者漂浮物，伺机捕食小鱼、小虾以及蚊子幼虫和水蚤等，因其体型很小，并且身体颜色会变为环境接近色，所以很难被发现。

❖ 剃刀鱼

❖ 藏在水草中的剃刀鱼

❖ 拟态成水草的剃刀鱼

剃刀鱼哺育下一代的方式和草海龙很像，也是通过育婴囊哺育下一代，但不同的是，草海龙的育婴囊在雄性草海龙的尾部，而剃刀鱼的育婴囊是由雌性剃刀鱼的左、右腹鳍结合形成，因此，哺育幼鱼的任务是由雌性剃刀鱼独立完成的。

❖ 白色剃刀鱼

剃刀鱼的种类很多，最常见的剃刀鱼品种有白底、黄底、黑底和红底的。

❖ 藏在珊瑚中的剃刀鱼

小飞象章鱼

深海会发光的萌物

小飞象章鱼有两个巨大的像"耳朵"一样的鳍,在水里游泳的时候,两只大"耳朵"会用力扇动,其外貌酷似迪士尼动画片《小飞象》中的Dumbo,因此而得名。

❖ 动画片中的小飞象

小飞象章鱼又叫墨西哥湾烟灰蛸,体长约20厘米,它虽然名字中有章鱼两个字,但并不是章鱼。

超Q的小飞象

小飞象章鱼通常生活在北大西洋400~4800米的深海之中,它们的平均寿命为3~5年。

小飞象章鱼最早发现于2009年,这是一个人们了解得非常少的特殊物种。它的外貌完全跟美丽没有关系,但是它通体呈艳丽的粉红色,长着大大的眼睛和与身体不成比例的大鳍,尤其是在移动身体的时候,呼扇着犹如小鸟翅膀一样的大鳍,酷似迪士尼动画片《小飞象》中长着两只大耳朵的Dumbo。整体形象Q萌,非常可爱。

2014年1月,海洋生物学家在大西洋海底中部山脊海域约1600米深处也发现了这种体长20厘米的奇特的"章鱼"——小飞象章鱼。

❖ 小飞象章鱼

喜欢"宅"在家

小飞象章鱼的腕足由腕间膜连接，张开后像极了一把雨伞的伞面，平时它们会在一个很小的范围内安家，且很少移动身体，只有在寻找猎物时才会利用腕足移动身体，并且每次只会移动很短的距离。如果它们要搬家，就会利用腕间膜重复收缩形成的水流的反作用力，然后扇动两只大"耳朵"，游动到想要去的地方。

会发光的小飞象章鱼

小飞象章鱼居住在几乎没有任何光源的深海，靠自己身体发出的生物光，吸引一些甲壳类、多毛类和桡足类等猎物，小飞象章鱼只需要耐心地等待猎物靠近，然后通过身体产生的一种黏液网困住对方。

假如光源吸引来的不是猎物，小飞象章鱼就会尽力张开自己的腕足，尽可能地展露所有的发光器官，试图吓唬和赶走不速之客，如果没有效果，就只能听天由命了。

❖ 可爱的小飞象章鱼

❖ 生活在大海深处的小飞象章鱼

梦海鼠

粉 红 透 明 幻 想 曲

梦海鼠并非一种鼠，而是一种生活在深海的奇特海参，透过吹弹可破的透明身体，可以看到它的红色内脏，因此它被称为"深海甜心"，有时被称为"粉红透明幻想曲"。

梦海鼠是一种深海游泳海参，主要生活在太平洋西部西里伯斯海水深2000米以下的漆黑海底，所以很少被发现。19世纪80年代，人们在墨西哥湾北部2700米深的海底处最早发现这种奇特海参。2018年，人们又在南大洋海域发现了它们的踪迹。

通体红得透明

梦海鼠通体透明，体长11~25厘米，身体前部延伸出12条圆锥形触须，像一个网状面纱。

梦海鼠幼崽的体色呈淡粉红色，随着成长，颜色会逐渐加深，变成红棕色的半透明身体，年老后颜色会变成深棕红色到紫色。在灯光照射下，它们的身体颜色更是红得透彻、透明，连藏在身体内的消化器官都能看得清清楚楚。

无头鸡海怪

梦海鼠的游泳器官进化程度偏低，但是即便是这样，也已经超越了绝大部分海参的游泳能力。梦海鼠喜欢在海底游泳，由于体态笨拙，远远看去，像是一只褪了毛、没有头的烤鸡，因此被科学家戏称为"无头鸡海怪"。

❖ 梦海鼠的消化器官很显眼
梦海鼠有红色透明的外表，人们一眼就可以看到它的消化器官。

❖ 梦海鼠

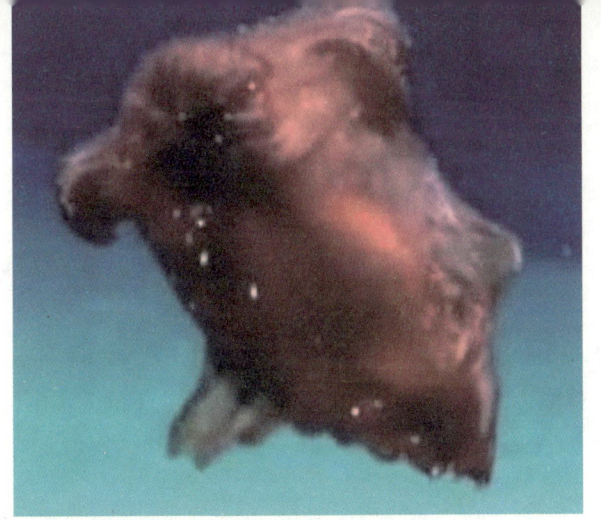

❖ 在南极洲海域拍摄到的梦海鼠

这是2018年电视台播出的在南极洲海域拍摄到的梦海鼠,这是在南极洲海域首次拍摄到梦海鼠。

❖ 无头鸡

远远望去,梦海鼠的形象很像一只无头鸡。

梦海鼠虽然经常游泳,过着半浮游生活,但大多数时间会降落在海底,像普通海参那样取食海底沉积物。

会发光的海底生物

梦海鼠常年生活在阳光无法穿透的深海,因此,它和大部分海参不同,却和很多深海动物一样,具有发光器官,能在漆黑的深海发出幽蓝色的生物光。

普通海参遇到猎食者时,会扔掉内脏,转移猎食者的注意力,然后再伺机逃跑,而梦海鼠却和普通海参不同,它们不需要靠丢弃自己内脏的方式保命,梦海鼠会通过发光器官,发出不同强弱的光,闪烁着,以恐吓和警示的方式,来降低被猎食者捕食的风险。

如果被天敌发现了,海参能将体内的肠子、肝脏以及大量的体腔液抛出体外,迷惑敌人,然后身体会借助反作用力,迅速逃之夭夭,一段时间后海参又能长出新的内脏。

❖ 海参

47

裸海蝶

海　　天　　使

裸海蝶是一种浮游生物，它通体透明，主要生活在北极和南极等较为寒冷海域的冰层之下，它们挥动着透明的翅膀，好似传说中的天使，终身漂浮在冰层之下的海水中，因此被誉为"海天使"。

2009年，日本兵库县但马附近海域发现一批神秘的"客人"——裸海蝶。至于裸海蝶来到这里的原因，科学界并没有给出合理的解释，但是这里的海水相对比较温暖，裸海蝶并不能完全适应环境，而后大量死亡。

裸海蝶又名冰海精灵、海天使，它既不是水母，也不是萤火虫，而是腹足纲、翼足目、海若螺科的一种翼足类软体动物，实际上就是一种浮游生物，主要分布于北极和南极附近海域的冰冷海水中。

❖ 裸海蝶

裸海蝶从咽喉里伸出6条触手，开始捕食。

❖ 裸海蝶的捕食状态

令人恐怖的进食方式

裸海蝶全身呈半透明状，体长仅有人类小指一节的长度，身体中央有红色的消化器官，非常醒目，给这种冰海精灵增添了几分仙气和灵气。

裸海蝶拥有美丽的外表，却无法掩盖其食肉的本性，它们多以浮游小动物为食，最爱的食物是海蝴蝶（翼足螺），而且进食方式十分恐怖。

裸海蝶一旦发现猎物，便会扇动翅膀，迅速逼近猎物，然后张开头部，从咽喉里伸出6条触手，将食物拉入腹内，然后慢慢消化。

❖ 两只翩翩起舞的裸海蝶

雌雄同体却不能自我受精

裸海蝶为雌雄同体的生物，但是它们却不能完成自我受精，必须和其他同类进行交配才能繁殖后代。交配时，两只裸海蝶会结合在一起，互相为对方的卵子受精。

刚出生的裸海蝶有外壳保护，长大后才会褪去外壳，逐渐长成一对透明的翅膀，使这种小小的精灵能自由地翱翔在海洋之中，成为名副其实的"海天使"。

❖ 一群裸海蝶

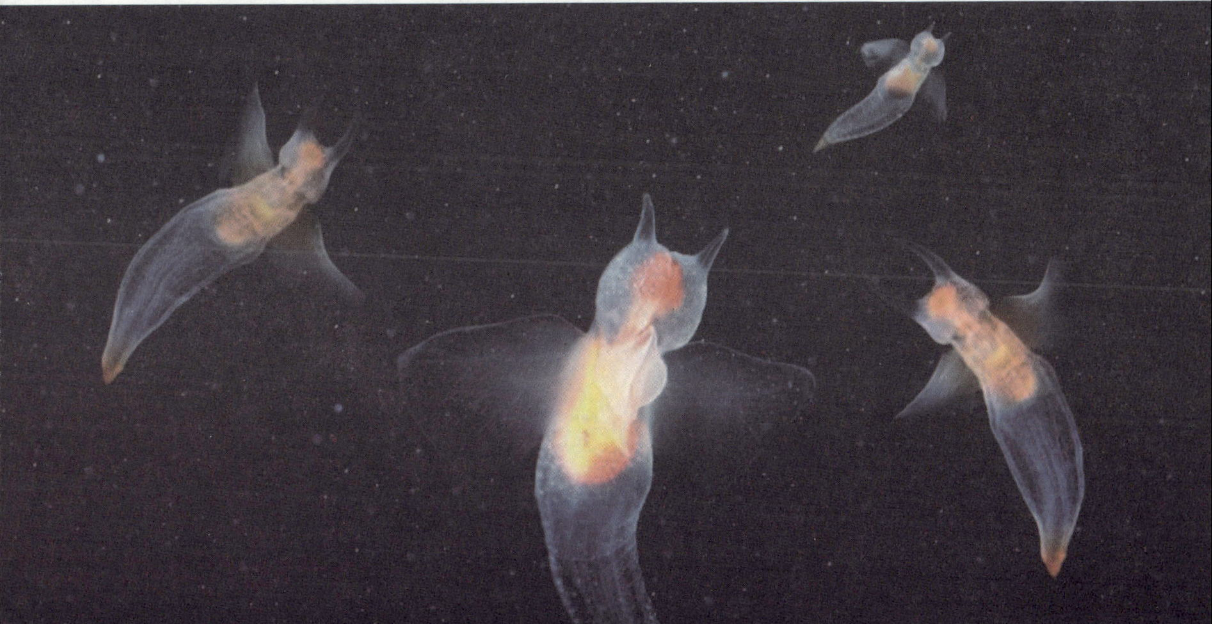

蓝龙

大 西 洋 海 神

蓝龙通体蓝色，长相非常奇特，极其梦幻，因酷似日本动画片《蓝龙》中的蓝龙而得名，又因长相酷似希腊神话中长着鱼鳍和鱼尾的海神格劳科斯，而被称作"大西洋海神"。

蓝龙的正式名为大西洋海神海蛞蝓，又称海燕，是海蛞蝓的一种，主要分布于东非、南非、欧洲、秘鲁、澳大利亚、印度和莫桑比克周边的泛热带海域。

大西洋海神

在希腊神话中，格劳科斯原本是一名渔夫，因为吃下了神奇的永生草后，双手变成了鱼鳍，双腿变成了鱼尾，从而成了大西洋海神。

现实海洋中的大西洋海神——蓝龙，虽然身长仅有几厘米，但外形酷似格劳科斯，身体呈蓝灰色，背部有一层薄薄的皮肤，并附有珍珠般的光泽。它的身体两侧长有像鱼鳍一

蓝龙平常背面朝下、腹面朝上，以仰卧的姿势漂浮在水面上，它利用反荫蔽类的保护色进行自我保护，其银色的背部从水下仰视，和泛着银光的海面融为一体，使掠食性鱼类无法发现它们。而其蓝色的腹部从空中俯瞰，与蔚蓝色的海洋的颜色相匹配，在水面上空飞行的鸟类也不容易找到它们。

❖ 蓝龙

❖ 日本动画片《蓝龙》中的蓝龙

❖ 蓝龙的食物——僧帽水母

蓝龙经常随着潮流和僧帽水母、银币水母一起出现，仅仅是为了吃它们。

样的结构，体态优雅，颜色艳丽，颇像经过精心设计的科幻生物。

可以释放水母毒素

蓝龙常年生活在浅海，通常以水螅、水母等为食。蓝龙的胃口非常好，只要水温合适，它们便会四处寻觅水母，然后胡吃海塞，这不仅是为了填饱肚子，还是为了在体内存储大量的水母毒素，以备不时之需，当受到威胁的时候，蓝龙就会将体内的水母毒素释放出来，所以蓝龙虽美，但千万不要轻易碰触它。

蓝龙不仅吞噬海中的水螅和水母，在风平浪静的时候，还会利用身体两侧像鱼鳍一样的结构，移动到滩涂上进食硅藻。

蓝龙主要猎食水母，有时也会吃紫螺，当食物匮乏时，它们甚至会同类相食。

蓝龙是雌雄同体的生物，多数在秋天交配，交配时腹侧相贴，交配后两只蓝龙均会产卵。

❖ 两只蓝龙

海猪

Q 萌 的 深 海 生 物

海猪是海参的近亲，看上去长得圆滚滚、胖嘟嘟的，身体上还长有奇怪的触手，样子非常Q萌。

❖ **球形海猪**
海猪的体型不大，像这种球形海猪最大也只能长到手掌大小。

海猪的皮肤上有一种毒素，可以保护它在深海中不被其他动物侵犯或吃掉，但是它很脆弱，被螃蟹的钳子不小心戳到都可能死亡。

❖ **海猪**

海猪主要分布在西太平洋、印度洋的热带至暖温带水域，一般生活在水深1000米以下的海底泥表层，喜欢群居。

海猪的体型不大，一般只有手掌大小，常头部朝着水流方向，这样做是为了方便进食。它主要以上层海水沉降下来的有机物或微生物等为食。海猪有5~7条触手，当它们发现食物后，会用触手抓取食物送入口中，其消化道内的消化液会分解食物。海猪会吸收食物中的营养，然后通过肛门将食物残渣排出体外。

海猪就像是"一层皮"包裹着的水管系统，它的呼吸、捕食、消化、排泄、运动等都依赖这套水管系统，看上去就像是充满了水的小猪仔，因此而得名。

小猪鱿鱼

形 象 搞 怪 的 鱿 鱼

小猪鱿鱼是生活在深海的一种小鱿鱼,身体肉乎乎的,加上黑亮的大眼和"一头乱发",看上去像从卡通书里走出来的嬉皮士小猪。

小猪鱿鱼属于头足类动物,被称为螺旋体鱿鱼,目前已发现的小猪鱿鱼主要生活在夏威夷附近水深100~1000米的珊瑚环礁上。

小猪鱿鱼的体型不大,成体大约只有10厘米长,和一个小柠果差不多大,它的触手像驯鹿的鹿角,长在头顶部的眼睛上方,看上去像一头乱发。

小猪鱿鱼的身体呈半透明状,由大漏斗和小的桨状鳍组成。它游泳时,靠充满气体的内腔来调节浮力,并常以头朝下,身体、眼睛和触手都朝上的搞怪姿势前行。远远看去,好像是一只圆鼓鼓的嬉皮士小猪。

2019年,美国非营利组织"海洋勘探信托组织"的研究团队在夏威夷巴尔米拉环礁水下1385米处发现了小猪鱿鱼这种奇特的生物。

❖ **小猪鱿鱼**

小猪鱿鱼的眼睛只有一个感光细胞,光线一般不会影响它在海里前行,因此,潜水者即便是近距离靠近它,都不会惊扰到它,因为它可能根本没有看到有人在它身边。

小猪鱿鱼幼体会生活在水深100~200米处,成体会逐渐迁往水深1000米左右处。

❖ **远看像嬉皮士小猪的小猪鱿鱼**

豆丁海马

令人惊艳的伪装术

豆丁海马不仅是世界上最可爱的海马，也是世界上最小的海马之一。近年来，随着世界各地潜水热，豆丁海马也因其娇小、可爱的身材而成为潜水界最流行的明星，很多潜水爱好者专门带着放大镜前往有豆丁海马出没的海域，仅为一睹它的芳容。

豆丁海马身长大约2厘米，是海马家族中的矮个子，被潜水员们称为侏儒海马，主要分布在北纬20°到南纬20°之间的海域。

令人惊艳的隐形高手

豆丁海马主要攀附在柳珊瑚上，其体色会随着各自寄宿的柳珊瑚的颜色而拟态成不同颜色，如红色、灰色、黄色、白色等，如今最常见的豆丁海马有瘤豆丁、平豆丁和棘豆丁3种。

> 全世界第一只豆丁海马是在1996年发现的，它生长在柳珊瑚上，发现者是大洋洲水族馆的研究人员乔治·巴吉班特，因此以他的姓氏命名为"巴氏豆丁海马"。

❖ 豆丁海马

❖ 豆丁海马的身体

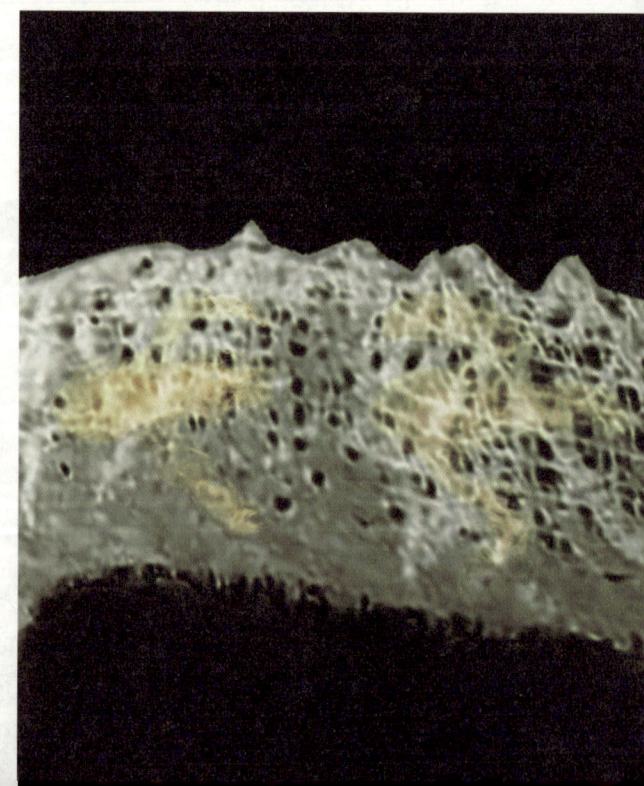

❖ 一只不足花生米大的豆丁海马

豆丁海马能随时改变体色,隐藏在攀附的柳珊瑚枝杈中,因此很难被发现,即便是被天敌发现,它们也能第一时间逃入柳珊瑚枝杈中,消失得无影无踪。

雄海马怀孕生子

豆丁海马的个体很小,在茫茫大海中很难遇到另一半,所以为了更好地繁衍后代,豆丁海马一般从很小就开始成对或者成群地栖息在一株柳珊瑚上。

豆丁海马的繁殖方式很独特,它们由雄性豆丁海马怀孕,并且全年都有繁殖现象,一般雌性豆丁海马会将卵产在雄性豆丁海马身体上的育儿囊中受精,雄性豆丁海马则负责孵卵。

一般一对成体豆丁海马能孵化出3~4只幼体,豆丁海马幼体的外观就是缩小版的成体豆丁海马,它们不会获得父母的特殊照顾,从小就要靠自己捕食养活自己。

❖ 攀附在柳珊瑚上的豆丁海马

❖ 成对的豆丁海马攀附在柳珊瑚上

❖ 狩猎中的豆丁海马

❖ 一只形态可爱的豆丁海马

聪明的捕食方式

豆丁海马捕食的对象是桡足类动物,这种动物逃跑速度很快,所以极难捕捉。

别看豆丁海马长得迷你可爱,它们可是聪明且凶狠的猎食者,它们一旦发现目标,就会像海扇珊瑚的断肢一样,随水流漂近猎物,然后突然发起攻击,一击制胜。除了主动攻击之外,豆丁海马还会利用柳珊瑚的枝杈,组成如蜘蛛网一样的陷阱,它们会咬破柳珊瑚的枝杈,枝杈上的伤口会流出一些汁液,这便是豆丁海马的诱饵,做好这一切准备工作后,豆丁海马便会潜伏在柳珊瑚中,坐等猎物入网。

单株柳珊瑚上发现豆丁海马的最高纪录为28只。

灯泡海鞘

绚丽的海底萌物

灯泡海鞘居住在一片漆黑的深海之下,是一种常常会被误认为是植物的动物,其身体娇小迷人,透明且若隐若现。近看,内脏清晰可见;远观,如成群的"灯泡"聚集在一起,熠熠生辉。

❖ 灯泡海鞘

灯泡海鞘是一种很像植物的动物,它们广泛分布于大西洋、北海、英吉利海峡和地中海,从浅滩到深海都有它们的足迹。

透明的灯泡簇

灯泡海鞘体色透明,外观呈筒状,远远看上去就像灯泡一样,因此而得名。

灯泡海鞘有非常多的品种,大部分还没有被人类充分地认识,很多品种甚至没有任何的描述和名字。

❖ 看上去像灯泡的灯泡海鞘

❖ 好像许多灯泡聚在一起的灯泡海鞘

灯泡海鞘喜欢附着在贝壳、海藻或者垂直的岩壁上，身上长着许多透明的"管子"，管子可以长到20厘米长，直径15厘米，这些管子常常松散地挤在一起，远远望去，它们透明的身体像一堆灯泡挤在一起，与背景融为一体，美得不可方物。

透明的"管子"非常重要

对于灯泡海鞘来说，其透明的"管子"非常重要。

首先，它是灯泡海鞘捕食的工具：每根管子有两个开口，一个开口进水，一个开口出水，海水中的微生物通过管子时会被滤出，成为灯泡海鞘的食物。

其次，它是灯泡海鞘抵御入侵的武器：灯泡海鞘遇到危险的时候，会将管子中的水喷出，然后迅速收缩身体，以躲避危险。

❖ 灯泡海鞘

最后，透明的"管子"还起到隐蔽作用，因为海底很多捕猎者的视力都不太好，透明的管子可以很好地保护灯泡海鞘不被捕猎者发现。

极短的生命奇迹

灯泡海鞘的寿命与其他海鞘一样，都非常短，它们靠吞食藻类以及浮游生物快速成长，然后快速无性繁殖。当食物充足时，灯泡海鞘的繁殖速度更是爆发性的快。

灯泡海鞘也与普通海鞘一样是雌雄同体生物，它们会将精子和卵子直接排入水中或在围鳃腔内受精。受精卵最快几小时，最慢几天就可以发育成幼虫。生物学家发现灯泡海鞘幼虫的尾部有脊索，而脊索是高等动物的标志，因此研究灯泡海鞘对动物的进化、脊索动物的起源有重要作用。

会"吃"掉自己大脑没有用的部位

灯泡海鞘和大部分海鞘一样，幼虫期就会通过大脑分析不同水域，找到适合的永久居住地，附着后便不再离开。定居后的灯泡海鞘会第一时间将自己大脑中已经没有用的部位吃掉，完全吸收掉其中的营养，并选择性地留下控制机体运转的部位。

圣诞树蠕虫

寄生于珊瑚的圣诞树

圣诞树蠕虫品种很多、体型很小,它们最显著的特点就是拥有两个螺旋状的"圣诞树"形的凸起。圣诞树蠕虫把珊瑚作为天然庇护所,在珊瑚上尽情地展示它们多彩的羽毛或触须,而且不同的蠕虫拥有不同的颜色,如黄色、橙色、蓝色和白色等。

电影《阿凡达》中的潘多拉星球上的螺旋红叶的原型就是圣诞树蠕虫。

圣诞树蠕虫又称为圣诞树管虫,是管虫的一种,它们广泛分布于世界各地的热带海洋中的珊瑚之上。

圣诞树蠕虫之所以得名,是因为它们有两个同色的螺旋树状凸起,形如两棵圣诞树。而这两棵"圣诞树"实际上是一只蠕虫的"冠"。圣诞树蠕虫的树状结构的"圣诞树",可以帮助它们捕食水中的悬浮颗粒和浮游生物,还可以用来呼吸。

除此之外,圣诞树蠕虫还能利用"圣诞树"精准地感受水中的变化。如果遇到接触或干扰,圣诞树蠕虫就会迅速将"圣诞树"缩回洞穴。通常1分钟后,圣诞树蠕虫又会慢慢地重新在水中充分伸展它们的"圣诞树"枝杈。

圣诞树蠕虫的平均体长为3.8厘米左右,它们寄生于珊瑚中,却很少对珊瑚造成损伤。

❖ 圣诞树蠕虫

灯眼鱼

如手电筒一般的海洋闪光器

灯眼鱼发出的光和海洋中大部分会发光的生物发出的光不同，因为这些光不是光点，而是光柱，如手电筒一般可以照到很远的地方。尤其是在漆黑的海底，灯眼鱼可以用这种光，进行默契交流、诱惑猎物、逃避猎杀，光柱轻盈游动、忽前忽后、时起时落，仿佛剧场中歌迷们手中挥舞的荧光棒，其场面非常震撼。

❖ 灯眼鱼

灯眼鱼又名闪光鱼，为金眼鲷目、灯眼鱼科中鱼类的统称。它们主要分布于西起印度尼西亚、东至土阿莫土群岛、北至日本南部、南至澳大利亚的西太平洋地区。

灯眼鱼的传说

灯眼鱼的眼皮底下有两盏"灯"，能发出亮光，这种亮光能照到 15 米外的海域。传说，早期的欧洲探险家们在探索航线的时候，探险船若误入了不熟悉的珊瑚礁群，老练的水手会记录夜晚水下灯眼鱼群的游动路线，然后沿着灯眼鱼群的游动路线，轻松地航行出珊瑚礁地区。因此，灯眼鱼又被称为探照灯鱼或灯笼眼鱼。

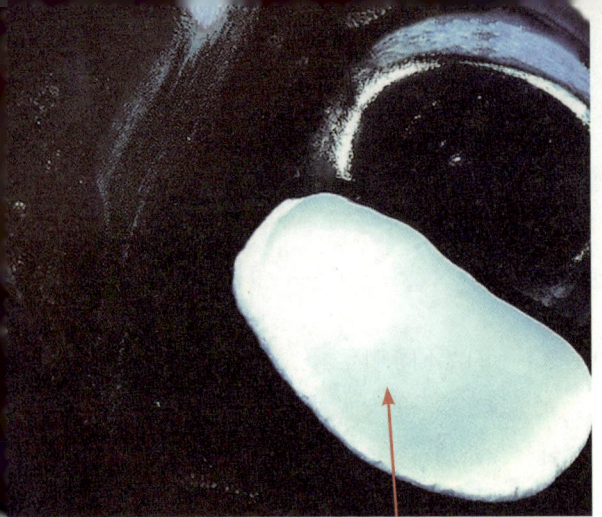

❖ 灯眼鱼眼下方的发光器

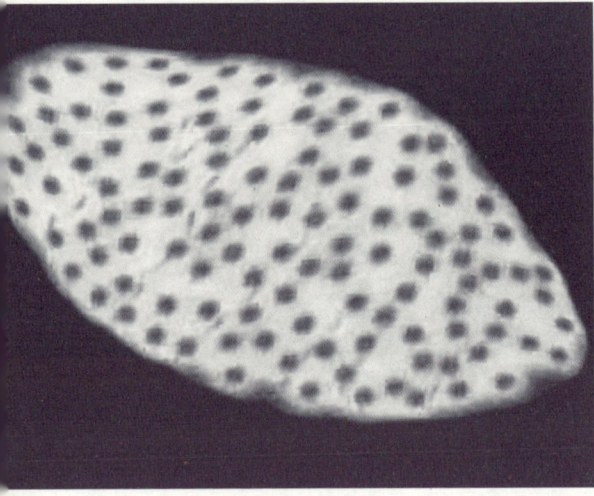

❖ 灯眼鱼的发光细菌

❖ 灯眼鱼

灯眼鱼被发现的历史

灯眼鱼的传说有点儿夸张。事实上，据记载，最早于1907年，灯眼鱼才首次在牙买加海岸被发现，可是因为这种鱼生活在深海，很难被捕捞，在首次发现之后的70年间人们都没能再见到它的身影，江湖上只有关于它的传闻。直到1978年1月，美国旧金山的一家水族馆出资组建的一支考察队，在加勒比海考察时发现了海底有大量的灯眼鱼。

从此，灯眼鱼开始被世人认识，虽然其肉毫无食用价值，但因为它属于罕见的深水鱼，且能发出两道冷光，因而成了水族馆和水族箱中的观赏鱼。

靠共生细菌发光

灯眼鱼通体呈黑色，体型娇小，最大的不超过40厘米，鳞片粗厚，两个背鳍和

❖ 罗氏原灯颊鲷

❖ 黑夜中的灯眼鱼

尾鳍带有蓝色的边和刺，眼睛的下方有大型横斑纹状的发光器，白天发光器为白色，夜间会发出白色冷光，偶尔也有些灯眼鱼会发出蓝色或黄色冷光。

灯眼鱼自身并不会发光，这些光来自其头部共生的数以亿计的发光细菌，灯眼鱼也因此得名。灯眼鱼可以控制、翻转发光器来开关光源，因此我们看到的灯眼鱼的光都是一闪一闪的。

> 灯眼鱼头部寄生的能发光的细菌借吸取鱼血里的营养和氧气赖以生存，死后一段时间仍能继续发光。

发光器很重要

灯眼鱼属于夜行性鱼类，白天藏于洞穴或阴暗处，晚上则栖息于陡坡的暗处。它们常利用无月光的晚上出来觅食，主要以浮游动物为食。

灯眼鱼在海底的栖息深度会随着年龄增长而加深，最深不会超过500米。海底的光线暗淡，因此，对灯眼鱼来说，发光器非常重要，像船舶用灯光信号交流一样，灯眼鱼靠发光器闪烁冷光，彼此交流信息。冷光还能吸引很多浮游生物及小型甲壳动物靠近，灯眼鱼可以很轻松地捕食并享受美味。每当遇到猎食者，灯眼鱼就会迅速关闭冷光，然后悄悄地逃之夭夭。

❖ 阿氏隐灯眼鲷

五彩青蛙

从各个角度看都很迷人

五彩青蛙不是蛙，而是一种娇小可爱的鱼，它的绿色体表布满了红色、蓝色和黄色条纹，并镶着黄色和红色边缘的黑斑，像只五彩斑斓的青蛙，从各个角度看都很迷人，因此被称为"世界上颜值最高的十大动物"之一。

❖ 青蛙（左图）与五彩青蛙（右图）的对比
绿色的青蛙有鼓鼓的大眼睛、微尖的头，它和五彩青蛙在外形上确实有几分相似。

五彩青蛙的学名是花斑连鳍，俗名七彩麒麟、绿麒麟、青蛙鱼、皇冠青蛙等，主要分布于西太平洋的印度尼西亚至中国海域，以及琉球群岛至澳大利亚海域。

❖ 麒麟陶瓷艺术品
五彩青蛙的颜色多彩，又多见绿色，与中国古代神话传说中的麒麟神似，因此又被称为七彩麒麟、绿麒麟。

❖ 绿青蛙鱼

五彩青蛙是小型虾虎鱼的一种,体长5~7厘米,因其体表的纹路与色泽、大而突出的眼部以及头部轮廓都酷似青蛙,所以又被称作青蛙鱼。

五彩青蛙最早被美国鱼类学家阿尔伯特·威廉·海尔于1927年发现并命名。

五彩青蛙的学名为 Synchiropus Splendidus(花斑连鳍),其中的"Synchiropus"来自古希腊语,意为"一起",而"Splendidus"来自拉丁语,意为"灿烂"。

❖ 花青蛙鱼

❖ **红青蛙鱼**

五彩青蛙是一种细小且色彩鲜艳的鱼类，根据体色可以分为3种，即红青蛙鱼、绿青蛙鱼、花青蛙鱼。

五彩青蛙没有固定的繁殖期，差不多什么时候想到了就开始繁殖，每次繁殖可以产约200枚卵，孵化时间为半个月。

五彩青蛙不善于游泳，属于底栖海水鱼类，喜欢生活在近海珊瑚礁区，多隐蔽于潟湖及近岸礁石附近，或结群或成对聚集于珊瑚礁上，以小型甲壳动物、无脊椎动物和鱼卵为食。

五彩青蛙由于体型比较小、行动缓慢、胆子小，容易受到其他鱼类的袭击，因此它们的活跃度并不高，一有风吹草动便会躲起来，有时为了防御，它们会释放大量带毒的黏液，用来驱赶猎食者。

五彩青蛙面对猎食者时只能避让，但它们却会在争夺配偶和保卫领地时和同类战斗，特别是雄性之间的战斗非常凶残，甚至是致命的。

雄鱼

雌鱼

❖ **五彩青蛙雄鱼与雌鱼**

五彩青蛙的雄鱼与雌鱼很容易辨别，因为雄鱼的背鳍第一根鳍条要比雌鱼的长很多。

五彩青蛙的表皮没有鳞片覆盖，却拥有华丽的外表，并有高耸的背鳍。因为身体会分泌带毒黏液，所以很少遭到细菌和寄生虫的感染。

火焰贝

| 海 洋 中 透 红 的 火 焰 |

每当火焰贝在水中"绽放"时，它们的触须在水中犹如摇曳飘动的火苗，因此而得名。当火焰贝火红的触须在海中飞速、有规律地摆动时，配上闪闪的电光，给人一种火焰贝在放电的感觉。

火焰贝属双壳纲、狐蛤科动物，主要分布于太平洋和加勒比海地区。

海底闪烁的霓虹灯

火焰贝的个头不大，有两片椭圆形、雪白、无杂色的贝壳，壳口处有许多火焰般的触须，每当它们在水中"绽放"，外套膜和边缘的肉质触手在水中展开，犹如摇曳飘动的火苗，又似喷发欲出的烈焰，而更令人惊奇的是在火焰之中还有两个发光体闪着幽蓝色的电光，好像霓虹灯在海底闪烁，尤其是当成片海域布满火焰贝时，海底的"火焰"连成一片，场面极其壮观、美丽。

❖ 火焰贝

火焰贝是滤食性动物，因此它们对其他鱼类不构成威胁，而且它们性情温和，几乎可以和任何不吃它们的生物和平共处。

胆子很小

火焰贝"绽放"时确实很美，但是，它们不太喜欢光线，总喜欢用丝足把自己固定在黑暗的洞穴和各种缝隙中，因此人们不容易看到它们，大片火焰贝一起"绽放"的场面更是罕见。

火焰贝是一种胆子极小的贝类，只要觉得环境有一丝不理想或者不安全就会搬家，它们会通过开合自己的壳推动水流，用触须辅助平衡，瞬间逃窜得无影无踪，人们甚至都无法看清它们是怎么消失的。

❖ "绽放"的火焰贝

迷幻躄鱼

身 披 迷 幻 的 色 彩

迷幻躄鱼和其他种类的躄鱼一样，不太会游泳，靠胸鳍和腹鳍在海底行走，因其体色为迷幻般的粉色、桃红色、黄褐色，以及全身遍布白色的放射条纹而得名，其独特的外观被科学家们称为"外星人之脸"。

迷幻躄鱼是躄鱼家族中的一员，主要生活在印度尼西亚的安汶岛和巴厘岛附近的水域，隐藏在海底五颜六色有毒的珊瑚丛中。

身披迷幻的色彩

大多数种类躄鱼的皮肤都是呈胶状，显得肥胖、肉质厚而松软，丑成一坨，而迷幻躄鱼却有一身绚烂的黄褐色或桃红色的皮肤，白色条纹从眼睛呈放射状向身体蔓延，看上去特别迷幻。

迷幻躄鱼的伪装变色能力相比于其他种类的躄鱼要略逊一筹，不过，它们身披迷幻的色彩，更容易混在珊瑚和海葵环境中，猎物或者天敌很难一眼就发现它们的存在。

迷幻躄鱼和其他种类的躄鱼一样，是一种不太会游泳的鱼。它们像四肢动物那样，主要

❖ 丑成一坨的躄鱼

迷幻躄鱼虽然行动缓慢，但是，一旦遇到危险，它们可以通过喷射水流作为推动力来逃避。

躄鱼的大嘴可以吞食比自身大一倍的动物，但是躄鱼没有牙齿，如果猎物体积过大，它们就只能眼睁睁地看着到嘴的猎物逃跑了。

❖ 迷幻躄鱼（"外星人之脸"）

靠胸鳍和腹鳍交替或者同时运动而在海底爬行，而且每次都只能前行很短的距离。

凶残的捕猎高手

疐是扑倒的意思，而疐鱼的捕食方式正是"扑倒"猎物。疐鱼是以其他鱼类、甲壳动物为食的肉食性动物，有的地方也把它们称为鱼类中的"食人族"。

迷幻疐鱼虽然行动迟缓，却是个凶猛的捕食者。它们有足够的耐心等待猎物进入自己的捕捉范围内，然后，它们就会像青蛙一样迅速跃起，将猎物扑倒，第一时间张开巨大的嘴，将猎物和海水一并吸入肚中，它们的猎食过程非常快，以至于猎物都感受不到这一切的发生。

迷幻疐鱼善于隐藏自己，一般都是成双成对地活动，不过在海底却很难被发现，因为它们已经将体色变为和周围环境一致，即便是被发现，它们也会迅速逃离现场。

❖ 隐藏在海底的迷幻疐鱼

❖ 迷幻疐鱼

迷幻疐鱼最早于2009年在印度尼西亚安汶岛的近海被发现。

迷幻疐鱼和其他种类的疐鱼一样，体内没有鱼鳔，无法轻松地控制自己的浮力；它们的胸鳍向下生长，很难在游泳时保持平衡。

迷幻疐鱼面部的外轮廓可能有一种感官结构，就如同猫胡须一样具有灵敏的感知能力，能够感触到海底洞穴内部石壁的状况，便于在珊瑚礁之间狭小的空间进行探索。

条纹躄鱼

毛茸茸的伪装大师

条纹躄鱼有毛茸茸的身体，常静静地待在海底，伪装成礁石、海草等，头顶伸出"钓竿"，诱惑猎物上钩。

条纹躄鱼是躄鱼家族的一员，主要分布于全球亚热带，包括我国台湾南部、北部及东部，生活在浅水区、沙质区域或岩石和珊瑚礁深处。

躄鱼中伪装能力最强的

海洋中有超过100种躄鱼，能够被人类分辨出来的只有50种左右。条纹躄鱼能像其他种类的躄鱼一样，靠胸鳍和腹鳍在海底行走和伪装变色，而且条纹躄鱼的变色能力堪称躄鱼界之最，它们的体色能随着环境改变而不断地改变。

◆ 条纹躄鱼

◆ 条纹躄鱼的拟饵

条纹躄鱼常会隐藏在礁石间静止不动，伪装成石块，甚至连身上的斑块也能模仿得和环境一致，堪称鱼类中的"高级化妆师"。

张嘴巴的速度非常快

条纹躄鱼的身体呈扁球状，鳃孔小，表皮粗糙，有些甚至衍生出毛状的皮瓣。它们的体色多变，但以黄褐色最多见。

条纹躄鱼的口很大并布满细齿，属于肉食性鱼类，主要以小鱼及甲壳动物为食，还会吞食比自己大的食物。它们靠伪装狩猎，同时还能通过晃动由背鳍进化而来的拟饵捕猎。一旦有猎物进入它们的捕猎范围，它们便会突然以步枪发射的子弹的0.22倍速度，张开大口，把猎物一口吞掉。

❖ 在海底行走的条纹躄鱼

躄鱼又叫青蛙鱼、跛脚鱼，属于鮟鱇目，海洋中有超过100种躄鱼，但能够分辨出来的只有50种左右，并且数字还有待商榷。

条纹躄鱼产黏着卵，卵团具胶质保护，称作卵筏。

条纹躄鱼尽管身形很小，但它们却是相当凶猛的肉食性鱼类，并且有时会同类相食。

条纹躄鱼的体色会随环境变化而不断改变。它们身上毛茸茸的东西可不是毛发，而是小刺。它们常在礁石间静止不动，拟态成石块，借机吞食附近的生物。

❖ 在海底生活的条纹躄鱼

条纹躄鱼是所有脊椎动物中啃咬东西最快的，它们嘴巴张开的速度可以达到步枪发射的子弹速度的0.22倍，而且那是在比空气的密度高800倍的海水中。

71

彩带鳗

一边长大，一边变色，一边变性

彩带鳗是一种非常奇特的鱼，它因迷人的外表、美丽的身姿，游动时像飞舞的彩带而得名，更因在成长过程中多次改变颜色和性别而让人们称奇。

彩带鳗是一种热带鳗鱼，也称五彩鳗、七彩鳗、大口管鼻鳝、蓝体管鼻鳝，主要分布于太平洋西部的珊瑚礁海域，常栖息于珊瑚礁的小沙沟崖壁处。

彩带鳗为雌雄同体，在整个成长过程中，彩带鳗会经历4次颜色变化和2次性别变化，直到长成金黄色的雌鱼。幼小时身体为黑色，并且为雌性。当它长到体长50~100厘米时就变成雄性，身体会随之变成黑蓝色或蓝色；体长达到100~133厘米

❖ 彩带鳗的外鼻孔

彩带鳗的嗅觉非常发达，它们进化出两个管状的外鼻孔，用来捕捉水中的血腥味。

彩带鳗身体的颜色富有变化，以至于很多不了解的人认为它们有3个不同的品种。

❖ 游动的彩带鳗（雄鱼）

❖ 彩带鳗幼体（黑色）

❖ 彩带鳗雌鱼（黄色）

时，身体由蓝色变为蓝黄色，而且会变成雌性；最后，长成超过130厘米长的成鱼，身体变成金黄色。

彩带鳗的颜色多为黄色和蓝色，体形长而薄，背鳍高，这是一种形状似蛇或中国龙的海洋生物，它们常常雌雄同穴，将身体藏在泥沙、岩穴中，捕食时，仅会从巢穴中伸出半个身子，啄食浮游生物、小鱼及甲壳动物等。

尽管彩带鳗看起来很漂亮，但却十分有攻击性，在海中潜水时，如果遇到它，不要靠近并轻易招惹它。

> 彩带鳗的两个管状的外鼻孔是它们健康的标志，如果遇到没有外鼻孔的个体，那可能是它受到了伤害或有疾病。

海鳃

长 得 像 鹅 毛 笔 的 无 脊 椎 动 物

海鳃身体的一半固定在海底的泥沙中，另外一半像绽开的叶子，随着海流摆动，很像是一种海洋植物，但它其实并不是植物，而是靠海流滤食的水螅虫群居而形成的无脊椎动物。

❖ 海鳃

海鳃是一种无脊椎动物，主要分布于热带和温带海域的沙质或土质的底层，其一端固定在泥沙中，外形如同羽毛笔，故又名海笔。

由成千上万的水螅虫组成

中国人很早就认识海鳃了，清朝生物学家聂璜在他的《海错图》中就有关于海鳃的描述。

海鳃形象各式各样，有资料统计，共有300多种，有的像羽毛，有的像细棒，还有的像肾脏等，对它们最形象的描述是像古人用的鹅毛笔插在海底。

海鳃是由许多被称为水螅虫的小动物群居而形成的，它是珊瑚的近亲，身体呈轴对称分布，其中间的柄部支撑起整个躯

❖ 海鳃的绒毛细节

泥翅約長四五寸吸海塗間翹然而起頭上有一孔似口全體紫黑色根下茸茸之翅若毛如魚腮開花亦作腥腥初取之時軟而不堅若洗去其泥沙而搓揉之則鼓其氣而起食者剔去翅剖去其沙肉有骨一條可以為簪同猪肉煮食味脆美溫州稱為沙蒜福建稱為泥翅連江陳龍淮海物賛内載此闕中别有土名

清朝生物学家聂璜在他的《海错图》中描述："泥翅，约长四五寸，吸海涂间，翘然而起。头上有一孔，似口，全体紫黑色，根下茸茸之翅，若毛，如鱼腮（应为鳃）开花……"

聂璜绘制的"泥翅"是这样的形象：一根粗粗的肉柱，一端有个小孔，另一端长了很多片状物，先端开裂，呈羽毛状。毛茸茸的一端是"根部"，吸在海底，而光秃秃的另一端是"头部"，高高翘起。

聂璜画的这只"泥翅"就是海鳃，不过与现实中的海鳃正好相反，光秃秃的那端才是"根部"，毛茸茸的那端则高高翘起。

泥翅賛
弱肉吸土
性秉於陽
其中有骨
外柔内剛

❖《海错图》节选——海笔记录

《海错图》中的海鳃旁边还画了个两头尖尖的针状物体。旁边的文字解释道："内有骨一条，可以为簪。"

如果到了排卵期，海鳃的水螅体能各自产卵或精，并将它们排出体外，使之在水中受精，从而发育成新生命体。

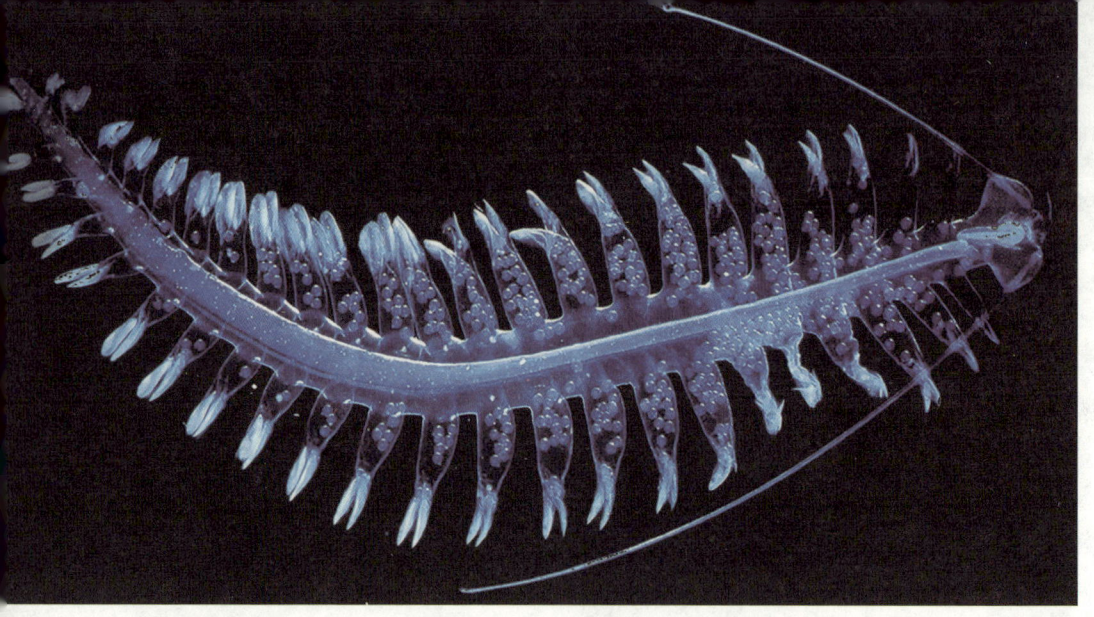

❖ 像羽毛笔的海鳃

海鳃喜欢长期独居在一个地方，不喜欢群居，只有在食物减少的情况下才会移动身体寻找新的栖息地。

有一种能够发光的海鳃只能生长在沙质的海底上，不能移动。

❖ 海鳃遇到危险时会发出强光

体，柄部末端形如底座，可钻入底层。水螅虫的触手相互交织在一起，宛如展开的扇子一般。海鳃以浮游生物为食，每当海水从触手中流过时，浮游生物就会被触手捕获，进而送进消化腔。

靠闪电保命

海鳃与珊瑚不同，如果没有海浪的冲击和天敌的攻击，珊瑚可以长得很大。海鳃却不一样，它们长到30~40厘米后就不再生长了。

海鳃因为扎根在海底，几乎不搬家，因此很容易被猎食者盯上，不过海鳃有自己独特的保命技能。首先，海鳃会利用地形，使猎食者很难靠近，海鳃通常生长在有强大海流的地方，因为一般很少有猎食者会在这种环境下捕猎。其次，当海鳃受到攻击时，它会发出强光直射猎食者的眼部，使敌人头晕眼花，无法辨认方向，从而被强大的海流冲走。最后，在猎食者靠近海鳃所在海域时，海鳃就会启动"警报系统"，发出强光照亮猎食者周边的海域，让它暴露，为更加凶猛的猎食者指引食物的方向。

奶嘴海葵

外形似奶嘴的海葵

奶嘴海葵的种类繁多，外形奇特，多呈透明状或半透明状，酷似婴儿的奶嘴，其绚丽的色彩来自体内的共生藻。

奶嘴海葵又称拳头海葵，学名为樱蕾篷锥海葵，主要分布于印度洋、太平洋，如红海到萨摩亚群岛海域。

形似奶嘴而得名

奶嘴海葵栖息于热带珊瑚礁，尤其是水流适中、光照充足、水质清洁、常年水温在22℃以上且水深40米以内的浅海中，也有一些会藏匿在石缝、岩洞中生长。

奶嘴海葵为单体，无骨骼，富肉质，因外形似奶嘴（拳头）而得名。它的口在口盘中央，周围一圈长有10条到几十条以上不等的触手。奶嘴海葵靠触手上布满的刺细胞御敌和

奶嘴海葵有两种繁殖方式：一种方式是精子和卵子在海水中受精后发育成浮浪幼虫；另一种方式也是最常见的方式，奶嘴海葵通过无性生殖的方式，自体分裂为两个独立的个体，最让人惊奇的是，不管多少代无性生殖，同一个繁殖系成员之间彼此能认识。

❖ 奶嘴海葵

❖ 与小动物共生的奶嘴海葵

奶嘴海葵的颜色绚丽，但是其本身呈透明状或半透明状，它的色彩来自体内的共生藻。共生藻利用光合作用为自己与奶嘴海葵提供基本的营养需求。作为回报，奶嘴海葵为共生藻提供保护、居所、营养。除此之外，奶嘴海葵还是小丑鱼、虾、蟹等许多小动物的庇护场所，和它们形成共生关系。

奶嘴海葵靠基盘固着，也能靠它缓慢移动，在遇到危险时，它们有时会使身体漂浮起来，随着水流漂走。

奶嘴海葵有两种繁殖方式：一种是异体有性繁殖，这不属于同一繁殖系；另一种是通过自身分裂无性繁殖，这属于同一个繁殖系。

捕食，也能利用触手在水中缓慢划行、调整方向或者翻身等。

奶嘴海葵和许多海葵一样，多与寄居生物、小鱼、小虾以及藻类共生，能为它们提供保护、居所、营养，也会因共生藻的不同而改变不同的颜色。

奶嘴海葵会为了领地作战

奶嘴海葵通常可以长到 30 厘米以上，它们喜欢群居在某个浅滩海域，但是却有领地意识，不允许其他海葵进入领地，否则必定开战。

即便是同类靠近，奶嘴海葵也会伸触手试探、缩回，再试探、再缩回，经过几次试探后，便可确认对方身份，如果是同一个繁殖系的成员，它们便会用触手相互"勾肩搭背"，表示友好，毫无敌意。如果经过几次试探，发现非同一个繁殖系的成员，它们之间就会剑拔弩张，互相会用有毒素的刺细胞去刺对方，直到有一方主动逃跑，否则就会一直打下去，直到一方战死。

彩色地毯海葵

美丽的海底大地毯

彩色地毯海葵的颜色多为透明或呈绿色、灰色、棕色、蓝色、紫色、粉红色的光泽或荧光橙红色，上面布满肉突，如同一块大大的花地毯铺在海底。

彩色地毯海葵是生活在热带浅海中的无脊椎动物，主要分布在印度洋、太平洋海域，如红海至日本富士岛间水深4~40米的海域。

彩色地毯海葵的体色多变，口盘周围有明显的皱褶，并且有带状的辐射条纹自口盘处向外延伸，仅口盘部分不包括触手。

彩色地毯海葵喜欢平铺于珊瑚礁或软质海底，它们会根据水流以及水流中的食物的丰富程度等不断地移动身体，直到找到最适合的地方才会长久扎根，而且它们的足可以深入海底40厘米，以防止自己被水流冲走。

彩色地毯海葵习惯独居，但是它与其他种类的海葵一样，能与小鱼、小虾以及藻类共生，并且也会因为共生的藻类颜色不同而使身体变得多彩。

彩色地毯海葵可由寄生的藻类补充营养，也可以吸收寄居的小鱼、小虾的粪便以及捕猎微生物等。寄居的小鱼、小虾能给彩色地毯海葵清洁身体，而彩色地毯海葵则会用自己的毒刺保护这些小鱼、小虾。

❖ 彩色地毯海葵

彩色地毯海葵也和其他海葵一样，有保护自己领地的意识，一旦受到威胁或者攻击，它们就会挥动触手驱赶入侵者，一旦驱赶无效，它们便会射出一种白色乳状液体，使身边的海水瞬间变得又白又浑浊，挡住入侵者的视线，然后乘机攻击或者逃跑。

脑珊瑚

形 如 大 脑 的 珊 瑚

脑珊瑚的颜色丰富多彩，有灰绿色、红棕色、淡蓝色等，外表褶皱重叠，有深深的凹槽，形似动物的大脑，因此而得名。

❖ 动物脑

脑珊瑚又称为泡纹珊瑚，属于较大的水螅体珊瑚，主要分布在印度洋－太平洋海域。

脑珊瑚的身体有一个圆锥形底盘和椭圆形的结构，这种构造有助于它们承受海浪的冲击。它们的外表颜色艳丽，形状非常接近动物的大脑构造。

脑珊瑚属弱光型珊瑚，大多生活在暗礁表面或水面下 40 米左右的泥沙或卵石地面。它们会用带钩的尖顶骨骼固着在地面上，依靠身体里共生的藻类进行光合作用获取养分，同时脑珊瑚还可以伸展触须，捕食浮游生物以及小虾。

❖ 脑珊瑚

海百合

开在深海的百合花

在幽深的海底有一种如同盛开的百合花一样的美丽生物，它不是植物，而是一种海洋动物，因为它漂亮的外表，人们给它起了个像植物一样的名字——"海百合"。

海百合是一种始见于奥陶纪早期的棘皮动物，主要分成有柄及无柄两大类，有柄的为固着性，不能自由行动，大多生活在深海；无柄的可自由生活，多生活在浅海。

如同一朵盛开的鲜花

有柄类海百合一辈子扎根海底，不能行走。它们有一根长约 0.5 米的柄，一端长在海底，另一端是被多条腕足包围的身体，这些腕足上长满羽毛般的细枝，腕足与细枝内侧长有深沟，沟内长着柔软灵活、像指头一样的"触指"。

有柄类海百合喜欢群居，其根固着于海底，构成所谓的海底花园。科学家研究发现，在海水从浅至深的海域，海百合都可以生活。

❖ 海百合

❖ 百合

❖ 长在海底的海百合

海百合是滤食动物，捕食时将腕足高高举起。

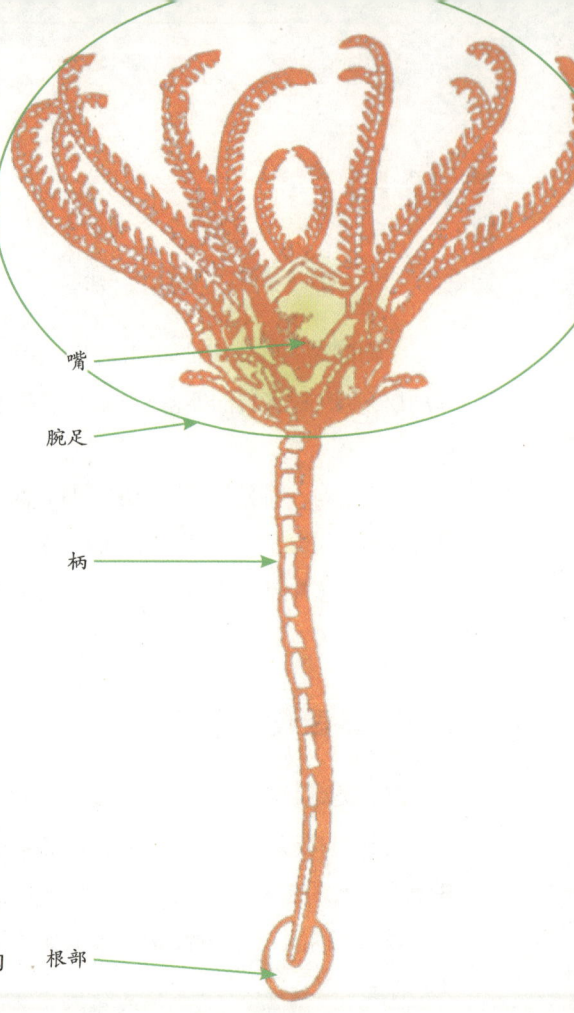
❖ 海百合的结构

海百合会迎着海水流动的方向张开腕足与细枝，如同一朵盛开的鲜花，因此而得名。海百合的花其实并不是花，而是由腕足组成的捕猎的"网"，可挡住入网的猎物，猎物会随着水流被"触指"捕获，然后再由大沟和小沟，传送到"花"的中心——海百合的嘴里。饱餐一顿后，海百合会进入休息状态，它的腕足会下垂，像一朵快要凋零的花。

如同"海中仙女"的"羽星"

无柄类海百合大多生活在浅海，它们的祖先和有柄类海百合一样，靠"柄"固着在海底，但由于遭鱼群踩躏，"柄"被咬断，仅留下花儿，没有"柄"的它们顽强地存活了下来，进化成了新的品种。

无柄类海百合失去了"柄",随着海流在海中四处漂流,因而获得了"海中仙女"的美称,生物学界给它们取名为"羽星"。

无柄类海百合的捕食方式和有柄类海百合一样,也是靠腕足组成的"网"捕猎,而它们躲避敌害的能力要比有柄类海百合强太多,它们不仅能自由逃离危险海域,还能靠身上的毒素使大部分猎食者不敢靠近。

海百合纲是海百合亚门中发育较完善、演化发展最成功的一个纲,从中生代起,中间几经兴衰,直到现代仍然繁盛不衰。

为了能躲避敌害,无柄类海百合一般白天钻进石缝里休息,晚上才会悄悄成群出洞,在海中翩翩起舞,自由捕食。

历史悠久

海百合最早出现于距今约4.8亿年前的奥陶纪早期,在漫长的地质历史时期中,曾经几度(石炭纪和二叠纪)繁荣,又几度经历毁灭。如今,幸存的海百合中大部分是无柄类海百合,由于它们的适应能力强,既可以自由行动,也可以随着生存环境改变自身颜色,因此它们成了海百合家族中的旺族。而有柄类海百合因适应能力弱,数量日渐稀少,或许在几百年后会被猎食者猎食殆尽,永远从大海里消失。

海百合化石十分珍贵,不仅可以为地质历史时期的古环境研究提供重要的证据,也逐渐成为化石收藏家的珍品,甚至被当作工艺品摆放。

❖海百合化石

蛋黄水母

海中的大煎蛋

蛋黄水母身体中央的隆起呈金红色或橘红色，看起来就像刚煎好的、美味诱人的荷包蛋，因此而得名。

> 每到夏末秋初的时候，蛋黄水母就会聚集在一起，这会给当地渔业和船只出行造成很大的麻烦。

蛋黄水母是一种无脊椎浮游动物，主要分布于地中海，如爱琴海和亚得里亚海。

蛋黄水母体型较大，伞体呈圆盘形，直径一般为35厘米左右，最大可达50厘米，整个水母呈圆形，中间看上去像蛋黄，旁边还有蛋白，看上去就和刚煎好的荷包蛋一模一样，因此也被称为世界上最可爱的水母。在夏末秋初的时候，蛋黄水母还会聚集在一起，看上去就像是很多煎好的荷包蛋放在一起，场面非常有趣。

> 蛋黄水母十分具有观赏性，尤其是它金红色或橘红色的"蛋黄"，让很多人有品尝它们的冲动，但是至于它们是否能吃，至今没有准确答案，因为我国没有这种水母，而欧美国家没有吃水母的习惯。

◆ 蛋黄水母

❖ 酷似煎蛋的蛋黄水母

蛋黄水母为悬浮取食者，是肉食性动物，以小的甲壳类、浮游生物等为食。蛋黄水母和其他水母一样靠鱼叉状的触手捕猎，当遇到猎物时，就会射出触手上刺细胞的毒液，然后将被毒晕的猎物吞食。

蛋黄水母的外形像一个大煎蛋，虽然长相十分可爱，但是它属于有毒的水母，虽然它的毒液的毒性没有花笠水母、僧帽水母的那么强，但还是会对人类产生影响。人类被它蜇伤的事常有发生，或许是因为那酷似蛋黄的外形，使很多人不由自主地去触碰它。

❖ 煎蛋
蛋黄水母的造型和煎蛋非常相似，尤其是成体由于体内具有红色光泽生殖腺或其他胃囊等结构组织，更像是蛋黄一样，充满诱惑。

让人惊愕的海洋生物

筐蛇尾

海底美杜莎的头发

《诸神之战》《世纪对神榜》《波西·杰克逊与神火之盗》等电影中的神话人物美杜莎,她的每根头发都是一条蠕动的蛇,让人看得毛骨悚然。美杜莎仅存在于传说之中,而像美杜莎一般的生物——筐蛇尾,却真实地存在于海底,它的腕肢缠绕,看起来好像很多条蛇盘绕在一起。

筐蛇尾十分罕见,大都生活在从白令海峡到美国加利福尼亚州南部底质较硬的海域,常见于15~150米深的海底。科学家根据生物化石推算出最早的筐蛇尾见于泥盆纪。

狰狞的筐蛇尾

筐蛇尾属于蛇尾纲中比较罕见的一种蛇尾,成年筐蛇尾体重可达5千克,身体中央盘有长颗粒的厚皮,没有鳞片,

筐蛇尾是一种棘皮动物。棘皮动物听起来是一种很专业的学术词语,但其实在海洋中非常常见,如海星、海参等。

❖ 筐蛇尾

它们的消化管已退化，食道短并直接与囊状的胃相连，无肠，无肛门。它们主要食腐肉和浮游生物，但有时也捕捉相当大的动物。

筐蛇尾身体上有5只腕足，腕上各分出两只小腕，而每只小腕上又长出很多分支。由身体中央开始，越往分支延伸，身体的颜色越浅。多数筐蛇尾为雌雄异体，少数雌雄同体，胎生。

白天，筐蛇尾常把腕足和分支缠绕成团，躲在洞穴或岩石底下，看上去既像一团死珊瑚，又像许多条蛇盘绕在一起。到了晚上，这些盘绕的腕足和分支就会舒展开，像一张大网，在海底捕捉食物，然后利用腹部下方长满荆棘一样的钩状小肉凸起来控制和处理食物残渣。

❖ 白天蜷缩的筐蛇尾

筐蛇尾的体质易碎，在长相上和海星相似，但却比海星更脆弱。

❖ 邮票上的筐蛇尾

❖ 海底的筐蛇尾

我国古人很早就对蛇尾有记载，不过古书中不叫蛇尾，而称它为"阳遂足"。例如，《本草纲目》书中记有："阳遂足生海中，色青黑、腹白，有五足，不知头尾，生时体软，死即干脆。"

筐蛇尾因为这副狰狞的样子，被形容成美杜莎一点儿也不为过。

自切部分腕足来保命

陆地上的壁虎为了逃脱捕猎者的抓捕，在紧急情况下会自断尾巴逃跑，安全后不久又会长出新的尾巴。除了壁虎外，自然界中有再生能力的物种很多，如蚯蚓、海星、海参等。筐蛇尾也有很强的再生能力，当筐蛇尾遇到捕猎者的时候，它们会"自切"，凭借断掉部分腕足来保命，而失掉的部分腕足不久又会重新再生，这种再生能力是筐蛇尾得以生存的保障。

❖ 像一株坏死的珊瑚的筐蛇尾

当筐蛇尾断了部分腕足的时候，它就会分泌一种激素——成长素，通过激素，刺激细胞活跃，再长出新的腕足或者身体的大部分地方。这就和人类的头发和指甲一样，剪掉了还能再长。

狮鬃水母

世界上体型最大的水母

狮鬃水母的体型大得如同一座梦幻城堡，它的嘴巴周围长满了橙黄色的触手，样子像鬃毛一样飘逸。这种神秘的水母是一种危险的水母，如果有生物被这种水母缠住，几乎十死无生。

狮鬃水母主要生活在较冷的海域，如北极海、北大西洋、北太平洋等海域，极少生活在低于北纬42°的地区，所以比较少见。

狮鬃水母是世界上体型最大的水母，其伞形躯体可达2米，重量可达200~400千克，触手通常有8组，最多有150条，长可达到35米，足足有12层楼高，比蓝鲸还长，这是狮鬃水母用来捕捉食物和防御敌害的武器。

与大部分水母一样，狮鬃水母的触手上有"毒针"，里面有装毒液的囊。狮鬃水母在攻击对手时，首先用超长的触手将对手缠住，然后再用"毒针"将其皮肤刺破，在这样的进攻方式之下，对手一般很难逃脱。

狮鬃水母的毒性在水母家族中只能排名前十，但是它由那又多又长的触手组成的大毒网的伤害力却在水母家族中数一数二。

幸好狮鬃水母生活在人类不经常活动的区域，否则，它们将会威胁到在海中活动的人们的安全。

狮鬃水母属于雌雄异体，生殖腺生长在近胃囊处。每年的春天开始到夏末是狮鬃水母大量繁殖的季节。大量狮鬃水母集合在一起，疯狂地向海水里释放精子及卵子。狮鬃水母大量聚集到一起，主要是为了提高精子和卵子的结合率。而有的精子会自己游进雌性狮鬃水母的体内，在母体里发育。

❖ 年轻的狮鬃水母

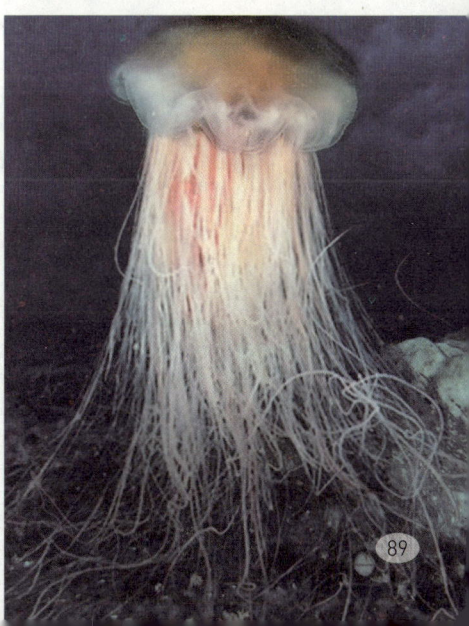
❖ 年老的狮鬃水母
狮鬃水母的颜色随年龄增长而逐渐由红变粉。

后颌鱼

雄鱼用嘴孵化鱼卵

后颌鱼的体型不大，但它却有一张超大的嘴，几乎做什么都靠嘴，用嘴捕食，用嘴筑巢，用嘴打架，甚至孵卵也靠嘴。

后颌鱼主要分布在大西洋中西部、印度洋和太平洋地区，大部分生活在离海面约 15 米的浅海处，偶有生活在水深 100 米以下的种类，喜欢在珊瑚附近出没。

后颌鱼属小型鱼类，大部分体长仅有 12~15 厘米，小的只有 8~9 厘米。后颌鱼有一张显得与身体极为不协调的超大嘴巴，几乎所有的活动都靠嘴巴来完成，用嘴捕食，用嘴筑巢，用嘴打架，甚至孵卵也靠嘴。"单身"的后颌鱼比较喜欢和同性生活在一起，只有"婚

❖ 满嘴鱼卵的后颌鱼

后颌鱼喜欢居住在浅海的洞穴内，可用嘴挖掘沙石以筑巢，主要以底栖无脊椎动物为食。

❖ 动画片《海底小纵队与后颌鱼》中的后颌鱼爸爸

❖《贪吃的大嘴怪》中的 Yumm

后",雄性后颌鱼才会与雌性后颌鱼生活在一起。每当繁殖季,雌性后颌鱼产完卵后,就只顾自己逍遥快活去了,剩下的受精与孵卵的任务都交给了憨厚的雄性后颌鱼独自默默地完成。

雄性后颌鱼是鱼界有名的"模范爸爸",其责任心超出人们的想象。雄性后颌鱼会将数百枚鱼卵含在口中,由于鱼卵太多,它不得不最大限度地张开大嘴,以保证水循环,从而为鱼卵提供充足的氧气。一般把卵含在口中5~7天后小鱼就会孵出,在整个孵化期间,雄性后颌鱼只是偶尔会吐出鱼卵,让鱼卵吸取更多的氧气,也让自己的大嘴缓解一下压力。

为了保护鱼卵的安全,雄性后颌鱼在孵卵期间无法离开洞穴觅食,只能借吐出鱼卵期间,可怜兮兮地食用一些身边的浮游生物,因此,等到小鱼孵化出来的时候,雄性后颌鱼会变得瘦骨嶙峋。

雄性后颌鱼在整个孵卵期间都不会离开洞穴,除非感觉到威胁,它们才会想办法口含全部卵搬家。

❖ 雄性后颌鱼孵卵

在整个孵卵期间,雄性后颌鱼即便是遇到猎食者,也不会丢下口中的卵自行逃命,即便是被猎食者咬住,它们也不会丢弃自己的骨肉。

❖ 孵卵的雄性后颌鱼

红唇蝙蝠鱼

妖艳"辣眼"的长相

红唇蝙蝠鱼长相奇特,不仅有醒目的红唇,还有让人无法忍受的白色胡子,看上去十分妖艳,让人觉得"辣眼"。

红唇蝙蝠鱼长相奇特无比,它是加拉帕戈斯群岛的特有物种,喜欢栖息在沙滩或海底,主要以底栖蠕虫、虾或螃蟹等甲壳动物、腹足类和双壳类为食。

烈焰红唇

红唇蝙蝠鱼身体扁平,体长约25厘米,头平扁、宽大,形如趴在海底的蝙蝠,脸上有两瓣醒目的烈焰红唇,红唇周围还长有白色的"胡子",因而得名。

在海底,长有红唇的鱼比较少见,除了红唇蝙蝠鱼外,也只有部分其他类的蝙蝠鱼有红唇,而且其他类的蝙蝠鱼仅有红唇,而红唇蝙蝠鱼的红唇四周还有一圈白色的胡子,更显得妖艳,让人看了觉得"辣眼"。

❖ 红唇蝙蝠鱼

红唇蝙蝠鱼的红唇四周长着一圈毛茸茸的白胡子,背上的皮肤像砂纸一样,上面还长着小刺。

红唇蝙蝠鱼习惯在沙床中停留,并且能够很好地与沙质洋底融合,将自己伪装起来,不被猎食者发现。

❖ 在海底沙床上停留的红唇蝙蝠鱼

❖ 蝙蝠

靠胸鳍和腹鳍在海底自由行走

自然界中的鱼类绝大部分是靠"游"来活动的,可红唇蝙蝠鱼却和䲁鱼一样,靠胸鳍和腹鳍在海底行走。

因长期在海底环境中生活,红唇蝙蝠鱼的胸鳍发生了变化,变得像"手臂"一般,被称为"假臂"。红唇蝙蝠鱼假臂末端的鳍可以向前弯折,胸鳍就变成了一对胳膊,而它的腹鳍生长在喉部的位置,两对胸鳍和两对腹鳍就像四肢一样,能够支撑起身体,让它能在海底自由行走,而且行走能力远胜于䲁鱼。

❖ 红唇蝙蝠鱼造型的毛绒玩具
红唇蝙蝠鱼因其奇特的红唇而被很多玩家喜爱,商家们将它的造型做成各种玩偶和玩具。

❖ **红唇蝙蝠鱼游泳的样子**
红唇蝙蝠鱼偶尔也会游泳，虽然游泳的样子有点笨拙，但是它们并没有完全丧失这项技能。

❖ **红唇蝙蝠鱼背鳍的触手**
大部分生物的身体特征都是为了满足某种需要，如捕食、繁殖等，而科学家却未能发现红唇蝙蝠鱼娇艳的红唇有什么作用，首先，因为它们生活在漆黑的海底，红唇给谁看？其次，它们捕食靠的是背鳍的触手，而不是红唇。因此有人推测，它们的红唇仅仅是为了自我感觉良好。

灯塔水母

长 生 不 老 的 水 母

举凡世间生物，无一能逃出生、老、病、死这个过程，但是海洋中的灯塔水母却能利用与生俱来的特性"逆转时光"，获得近乎无限的寿命。

灯塔水母原本主要分布于加勒比海，因其能不断重生，现在已经扩散到了世界各地的热带海域。它是热衷于捕食浮游生物、甲壳类、多毛类和小型鱼类动物的肉食主义者。

胃部状如灯塔

灯塔水母是一种很小的水母，直径仅4~5毫米，透明身躯内部的红色物质是它的胃部，状如灯塔，因而得名。和身体相比，灯塔水母的胃非常大，横断面为特殊的"十字"形。

从古至今，人类一直在孜孜不倦地追求长生不老，却从来没有人成功过。然而，有科学家却认为，研究微小的灯塔水母，或许能为人类揭开长生不老的秘密。

长生不老的水母

灯塔水母幼虫在20℃的水温中，只需25~30天就能性成熟。普通的水母在有性生殖之后就会死亡，而灯塔水母却能够在特定的条件下再次回到水螅型。这也就意味着灯塔水母在生育完后代之后，又会再一次轮回到幼虫期，而不是像其他生物一样慢慢衰老。

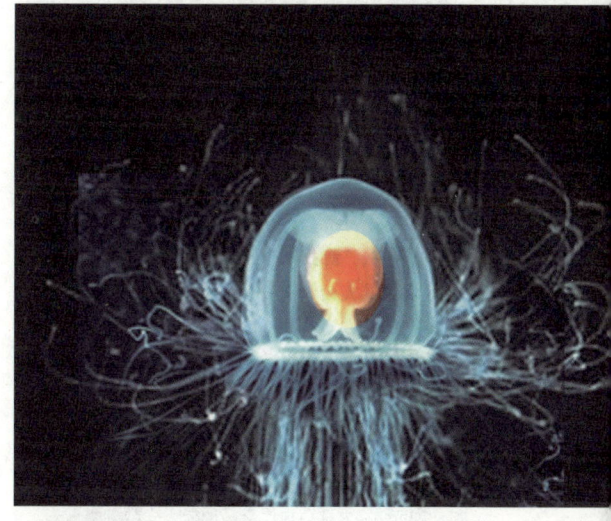

❖ 灯塔水母

瑞士科学家已经在灯塔水母体内成功萃取到强大的细胞再生酶，"Frozen Mask"就是瑞士科学家萃取灯塔水母再生精华的成果。

❖ 灯塔水母幼儿期

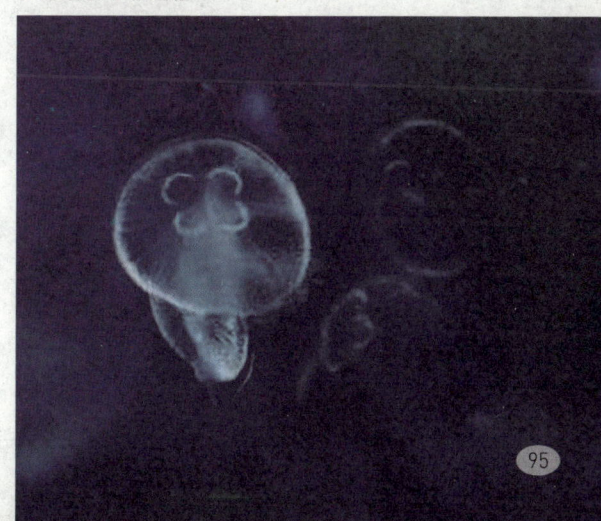

❖ 美国狐尾松"普罗米修斯"

地球上年龄最大的树是一棵绰号为"普罗米修斯"的美国狐尾松，它在1964年倒下前，估计有5000岁。在西伯利亚、加拿大冻土带和南极还生存着一些年龄大约有50万岁的细菌。可是它们远远比不上灯塔水母的年龄。

水螅纲的动物大都有世代交替现象，少数种类只有水螅型时期或水母型时期。

❖ 一群灯塔水母

从理论上讲，灯塔水母可以通过反复的生殖而不断"返老还童"，获得无限的寿命，因此，它也被称为"长生不老的水母"。

事实上，当灯塔水母变回幼虫，重回水螅型的时候，本体就已经死亡，只是这种生物学现象被认为是"永生"。

粉身碎骨浑不怕

灯塔水母不仅能"返老还童"，还和大多数水螅虫一样有再生能力，如果把一只灯塔水母切成两段，这两段会在24小时内自愈，在72小时后，这两段被切开的水母残躯会分别长成新的身体。

从理论上讲，哪怕是把灯塔水母放入破壁机中打碎，只要它的细胞完整，就可以重新开始生长，并且是每一个细胞都可以长出新的生命。

膨胀鲨鱼

真正的海洋气功大师

鲨鱼在人们的印象中是凶悍的海中霸王,可是膨胀鲨鱼却完全颠覆了人们的认知,因为它不但不凶,而且非常呆萌,遇到危险时,会把自己膨胀得像气球一样,让敌人无从下口。

膨胀鲨鱼又叫膨鲨、气球鲨鱼,体长不超过1米,是一种小型鲨鱼,也是海洋里的"底层食客",多数的时候喜欢躲在石头缝隙中伏击路过的螃蟹和乌贼等小型生物。

恐吓来犯之敌

膨胀鲨鱼的体型在鲨鱼界中只能算是小的,所以需要像其他小型生物一样有自己的保命技能。膨胀鲨鱼就像它们的名字一样,在受到威胁时,它们会迅速将海水吸入腹部,将身体膨胀为正常大小的两倍,使它们看起来更高大、威猛,恐吓来犯之敌。

时而瘪如弯月

如果遇到像蓝鲸这样体型巨大的生物,将身体膨胀根本毫无效果,这时,膨胀鲨鱼会用嘴衔住尾巴,将身体弓成新月形,然后把自己膨胀成一个巨大的环,卡在石头缝隙中,即使被大鱼咬住了,它们也只会损失一块肉,而不会被吞掉,可以说,这是它们非常聪明的防御、保命手段了。

❖ 膨胀鲨鱼

在海中抓捕到膨胀鲨鱼时,它来不及喝海水,所以只能喝空气让自己膨胀起来,此时,如果用小木棍捅它的贲门括约肌,膨胀鲨鱼腹中的空气会迅速吐出,从而发出如小狗般的叫声,非常滑稽。

❖ 粉色膨胀鲨鱼

Facebook上曾公布一条奇怪的鱼,它全身粉白相间,有3个换气鳃裂,与一般的膨胀鲨鱼很不相同,专家对它的了解也不多,但是可以确定这条粉色的鲨鱼是膨胀鲨鱼的一种。

舒氏猪齿鱼

会 使 用 工 具 的 鱼 类

随着纪录片《蓝色星球2》中舒氏猪齿鱼的捕猎过程播出，大家对这种鱼有了不一样的认知。科学家曾经认为使用工具是人类的一个重要特征，万万没想到舒氏猪齿鱼竟然也是使用工具的能手，其整个捕猎过程堪称海洋世界的智者行为。

舒氏猪齿鱼俗称青衣鱼，主要分布于印度－西太平洋区。

两对犬齿暴露在嘴外

舒氏猪齿鱼的种类颇多，它们的体长可达 1 米，大部分身体呈椭圆形，头部背面轮廓圆凸，头前端与吻部成大倾斜角度，上、下颌突出，前端有两对犬齿暴露在嘴外，好似野猪的獠牙。雌雄成鱼的体色区别较大，雌体为浅黄色，雄体为青色。

舒氏猪齿鱼一般生活在 4~40 米深的海域，白天觅食，夜晚在礁石的岩穴或岩荫处休息。舒氏猪齿鱼属于肉食性鱼类，主要以大型甲壳类、软体动物和其他小型鱼类为食。它们掌握了寻找猎物和使用工具猎食的能力，因此，它们的捕猎水平超过了一般的鱼类。

这是纪录片《蓝色星球2》中舒氏猪齿鱼捕猎过程的截图。
❖ 准备叼贝壳的舒氏猪齿鱼

❖ 叼着贝壳的舒氏猪齿鱼

寻找猎物的能力

舒氏猪齿鱼最喜欢的食物是贝壳，而贝壳平时总是将身体埋在海底沙土之中，一般很难被猎食者发现。不过，贝壳这样的保命技能，在舒氏猪齿鱼面前不值一提。舒氏猪齿鱼捕猎时，会游荡在海底，耐心观察沙土的变化，但凡有略凸的沙堆，它就会吸一口海水，然后朝沙堆用力吐射过去，将沙土射散，经过多次射水，就能找出藏于沙土中的贝壳。除此之外，舒氏猪齿鱼还会利用嘴搬开一些岩石块和碎珊瑚，寻找藏于其间的猎物。

使用工具的能力

在大多数情况下，猎食者即便是发现了藏在海底沙土中的贝壳，也会因为其厚厚的壳而束手无策，无从下口，不过，舒氏猪齿鱼却不在此列。

舒氏猪齿鱼发现贝壳后，会第一时间用其暴露的两对犬齿咬贝壳，如果无法咬碎，舒氏猪齿鱼就会叼起贝壳，甩动鱼头，将贝壳狠狠地砸向岩石，如此反复，用不了几下，贝壳便会被岩石砸碎。舒氏猪齿鱼利用岩石砸贝壳的行为，在海洋生物中罕见，它也是少有的会利用工具捕猎的生物，因此堪称海洋世界的智者。

❖ 搬碎珊瑚的舒氏猪齿鱼

绚丽的虾、蟹

雪人蟹

会饲养细菌的深海生物

传说中，雪人是生活在喜马拉雅山区的一种怪物，全身长毛、用四肢屈膝行走，时而仁慈、温柔，时而凶猛、狂暴，但是自古以来能见到其真容者却寥寥无几。然而，人们却在 2300 米深的海底见到了另一种被称作雪人的生物——雪人蟹。

在南太平洋复活节岛以南 1500 千米处一个深达 2300 米的深海热泉口，生活着一种与众不同的蟹——雪人蟹。

雪人蟹被科学家称为"基瓦多毛怪"，其通体雪白，除了一对大长钳子上长满了如同雪人身上的毛一样的长毛之外，并没有传说中雪人的巨大体型，它的体长仅

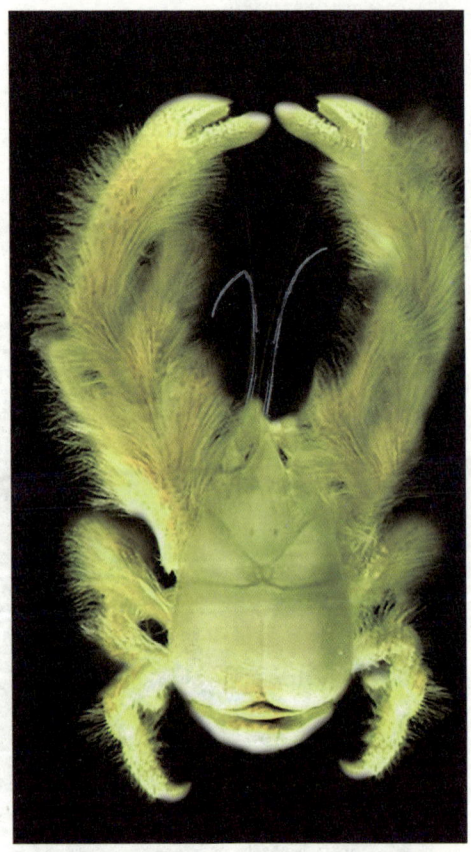

❖ 雪人蟹

雪人蟹的模样同龙虾、螃蟹相似，全身覆盖着丝绸般的丝毛。它是 2005 年才被发现的新物种，由于雪人蟹与其他甲壳动物截然不同，科学家为其新创了一个动物科属，并以波利尼西亚神话中甲壳动物的保护神"基瓦"命名，称其为"基瓦多毛怪"。截至 2021 年，科学家在不同海域中记录了 6 种不同的雪人蟹，它们都被划分在雪人蟹科（基瓦多毛怪科）中。

❖ 美国动画片《雪怪大冒险》中的雪人

在科学还不发达的年代，关于雪人怪的传说几乎没有中断过，关于雪人怪的各种题材也被搬上荧幕。

100

❖ 海底热泉口的雪人蟹群
海底热泉中甲烷大量溢漏，雪人蟹饲养的细菌能以此作为能量来源并持续生长。

15厘米。雪人蟹常年居住在深海热泉口附近，它们的视网膜已经退化，基本上已经不能靠眼睛捕捉食物了，不过，它们有一项特殊的技能，那就是饲养细菌，然后自给自足。

雪人蟹将自己长满长毛的大长钳子当作农场，然后将细菌饲养在长毛中。平时，雪人蟹会挥舞着钳子，好像对外来者充满了敌意，实际上，它们根本看不见任何外来者，这么做的主要目的是让细菌能从海水里获得更多营养，生长得更迅速。

雪人蟹饲养的细菌是它们能在危险重重的热泉区存活下来的秘密武器。除了能果腹之外，这些细菌还能帮助雪人蟹消除海底热泉的有毒矿物质；这些细菌吞噬热泉有毒物质后会使自身带毒，可以帮助雪人蟹抵御猎食者的猎杀。此外，这些细菌还是失明的雪人蟹找到伴侣的"传感器"。

美国宾夕法尼亚大学的海洋生态学家查尔斯·弗舍尔说："以自身培育共生体来说，雪人蟹获取营养的方式是我所看过的最出色的。"

❖ 海底热泉口的雪人蟹

101

招潮蟹

沙 滩 上 的 提 琴 手

招潮蟹是海滩上最常见的蟹之一，其最神奇之处是有一只颜色鲜亮的超大螯钳，十分醒目。不管它前面是蟹、虾，还是潮水，就算是站一个人，它也会挥舞大螯钳，做出示威的架势，然后迅速逃进洞里，显得十分可爱。

❖ 招潮蟹

中国的招潮蟹属有10余种，常见的有弧边招潮蟹、四指招潮蟹、清白招潮蟹及环纹招潮蟹等，分布于沿海各省。

招潮蟹广泛分布于全球热带、亚热带的潮间带，栖居于泥泞的海滩上，是暖水性并具群集性的蟹类。

招潮蟹拥有一只大螯钳

招潮蟹中的雄蟹比雌蟹更有特色，它们的体色较雌蟹鲜明，颜色包括珊瑚红色、艳绿色、金黄色和淡蓝色等。雄性招潮蟹如枪虾一样，拥有一大一小两只螯钳，其中大螯钳非常醒目，而且远大于身体直径，像盾牌一样挡在它们面

❖ 招潮蟹像块盾牌一样的大螯钳

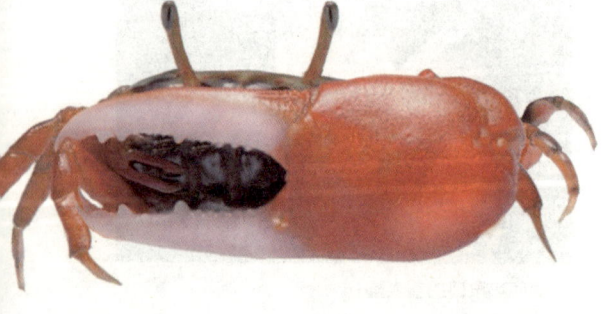

❖ 雌招潮蟹

招潮蟹的雌蟹和雄蟹大小和形状几乎没有分别，只是雌蟹的两只螯钳都非常小，均用来取食。

前。和许多有螯钳的生物一样，招潮蟹的大螯钳也是对敌作战、挖洞和求偶的装备。

招潮蟹的小螯钳很小，主要用来刮取淤泥表面富含藻类和其他有机物的小颗粒送进嘴巴。如果不幸失去大螯钳，小螯钳就会长成大螯钳，而原先失去大螯钳的地方会长出小螯钳。

沙滩上的提琴手

招潮蟹有一个招牌动作，每当涨潮时，雄蟹会举起大螯钳挥舞着，好像在指挥潮水吞噬海滩，因此而得名。它挥舞大螯钳的动作酷似小提琴手在演奏，又被人称为"沙滩上的提琴手"。

❖ 挥舞大螯钳的招潮蟹

招潮蟹在泥泞的海滩上挖洞穴，洞穴深度一般和地下水位有关，最深可达30厘米左右。招潮蟹的生活很有规律，一般潮起而居，潮落而出。涨潮时，招潮蟹会举着大螯钳，忙碌地挖泥球堵住洞口，退潮后，它们又会忙碌地在海滩上觅食和修补被潮水冲垮的洞穴，或者重新挖掘洞穴。

❖ 在打架的招潮蟹

雄性招潮蟹举着大螯钳,大部分时间是用来恐吓、威慑入侵者或争夺配偶。

挖洞高手

招潮蟹群体和人类社会很像,雄蟹有好房子才能更加容易找到"老婆",因此,几乎每只雄蟹都是挖洞能手。

有些雄蟹会将洞穴建在"游泳池"(水坑)旁;有些雄蟹还会在洞穴前垒一处平台;有些雄蟹会将洞口垒砌成烟囱状;更有甚者,会建造一个半圆伞形的盖,盖于洞口。其实,在几次潮起潮落之后,大部分豪华的洞穴都会被冲垮,但是这并不妨碍它们继续建造新的家园,以吸引雌蟹,繁衍后代。

有些雄性招潮蟹修建房屋的能力差,或者干脆是因为懒惰,它们会举着大螯钳,霸占别人修建好的洞穴。因此,雄性招潮蟹之间的战斗不仅仅为了争夺配偶,有时也会发生在争夺房屋时。

❖ 为争夺房屋而战斗

雄性招潮蟹的大螯钳不仅仅是为了战斗和争夺配偶的武器,而且是挖掘、修建"房屋"的工具,因为房屋修建得越豪华,越证明房屋的主人有能耐,因此找配偶也就越容易。

❖ 被垒砌成烟囱状的招潮蟹洞穴

小丑虾

专门捕食海星的虾

小丑虾全身以白色为主色调，还有一些粉红色、紫色及褐色的斑点，非常像一朵盛开的蝴蝶兰，在"吃货"的眼里，它像是涂在蛋糕上的"奶油"，看起来不仅不丑，而且非常可爱。

❖ 小丑虾
1852 年，小丑虾首次被科学家们进行系统的研究。

小丑虾又称斑点小丑虾、油彩蜡膜虾、贵宾虾、海星虾、夏威夷海星虾等，主要生活在印度洋和太平洋的一些珊瑚礁里。

小丑虾的长相并不丑，只是有点儿夸张和奇特，因像舞台上装扮奇特的小丑而得名。

小丑虾的体长可达 5 厘米，它们不仅有奇特的外形，还有奇特的食性——捕食海星，因此也被称为海星虾。

❖ 小丑

小丑虾身体的颜色夸张，多为白色的身体上带着大的红色、紫色、蓝色及褐色的斑点。

小丑虾的食物很特别，它们仅吃棘皮动物，爱吃海星及一些品种的海胆。

❖ 小丑虾"夫妻"配合捕杀海星

小丑虾常会"夫妻"成对配合捕杀海星，然后一起在海星背上啄食海星肉。

> 小丑虾捕食海星往往是从触手开始，然后再吃中心部分，为了活命，海星可能会抛弃触手。但是丢了触手的海星，往往会更加容易被其他的小丑虾或其他猎食者捕杀。

雄性小丑虾比雌性小丑虾要小一些，有一对大钳子（螯），但它不会用于狩猎，仅为了展示。

❖ 雄性小丑虾

海星比小丑虾大很多，但是只要遇到小丑虾，就只能任其宰割。小丑虾捕食海星前，会先悄悄地靠近海星，然后飞快地跃到海星的体盘上，用爪子扣住海星的背，再用针状前腿刺入海星体内，注入麻醉剂，不一会儿海星就瘫痪了。小丑虾便从海星触手的尖角位置开始，慢慢啃食海星，直到将整只海星吃掉。

小丑虾是海星的噩梦，海星们只要发现周边有小丑虾出现，就会躲藏起来，一些海星会将自己埋入海底沙子中，然而，即便是这样，也无法躲过小丑虾的追捕，小丑虾会挥舞着钳子，将藏在沙子中的海星"挖"出来，然后猎杀。

海星是小丑虾最爱的食物，除此之外，小丑虾也会捕食其他的棘皮动物，如一些品种的海胆等。

> 有时候，小丑虾会在麻醉海星后，从海星身体上一跃而下，从海星触手处用力将比自身大很多的海星翻个身，使海星彻底无法逃脱。

性感虾

会"搔首弄姿"的虾

性感虾身材娇小迷人，淡褐色的身体上覆盖着白色环状斑纹，性格温和，看上去如同淑女穿着漂亮的紧身旗袍，高高翘起尾部"搔首弄姿"，因此被称为性感虾。

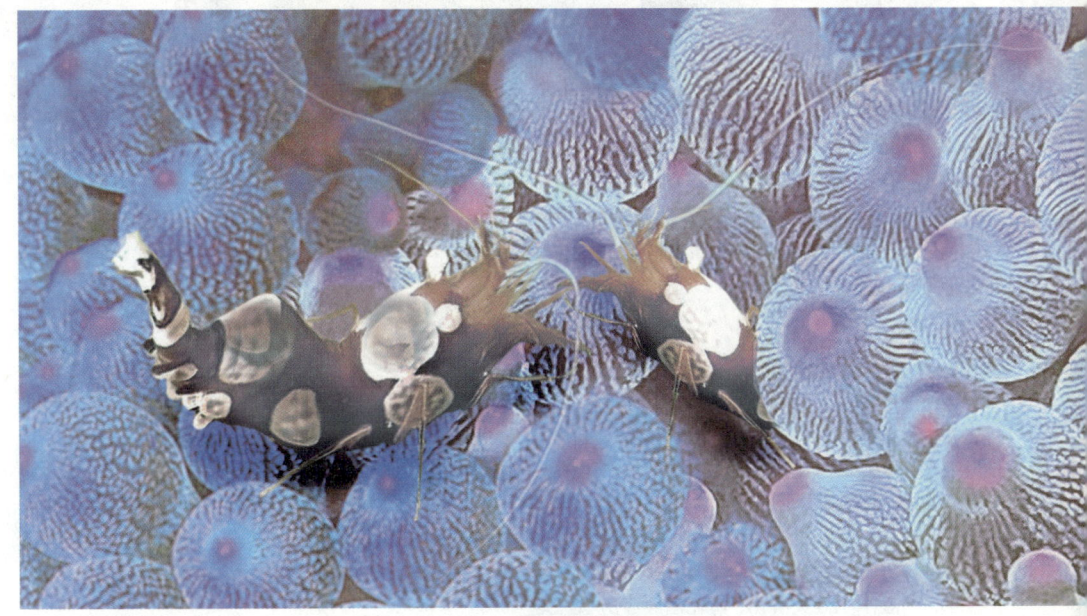

性感虾又称海葵虾、斑马虾，主要分布于印度洋及太平洋海域的热带和温带的珊瑚礁区。

性感虾是杂食性的生物

性感虾喜欢成群出没于水深 10~20 米的岩礁处，通常会单独或成对与海葵共生。当然，也有例外，如一些大型海葵中会有多只性感虾与之共生，有时甚至多达十几只。

❖ 海葵中的性感虾

性感虾整体为土褐色或棕色，对称分布着黄白色的斑点，带有蓝白色的细边，在不同的位置以及光照下，斑点会变色或闪光。

性感虾的眼为白色，有短的眼柄。雌性体型略大，并且花纹略有不同。

❖ 性感虾

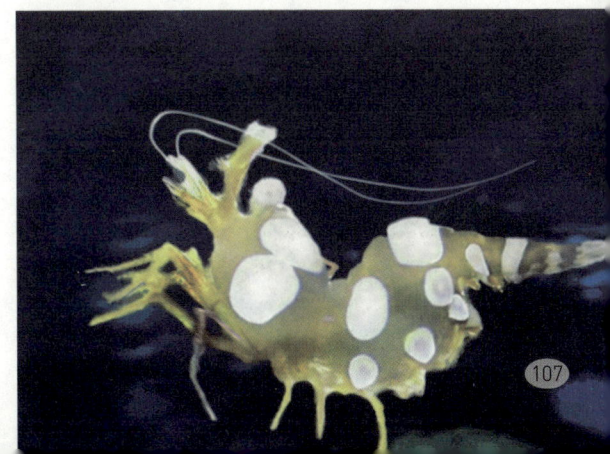

❖ 美丽的性感虾

性感虾会通过收集海葵黏液裹满全身来保护自己,同时也会分泌化学物质来抑制海葵的刺细胞对自身的伤害。

性感虾分布于热带和温带的珊瑚礁区,包括美国佛罗里达的大西洋沿岸和墨西哥湾、加勒比海以及夏威夷周边海域、非洲西海岸、法属波利尼西亚、莫桑比克、我国台湾附近海域、加那利群岛、新喀里多尼亚和红海。

性感虾的卵为浅棕色,雌性性感虾会将卵抱于腹部,一般14~25天孵化,孵化后会经历20~30天的浮游期,每隔2~3天会蜕一次皮,经历10~12次蜕皮后,幼虾会落地并与海葵共生。

在条件适合的情况下,性感虾可以全年繁殖,在繁殖期,雄性性感虾会不断寻找条件适合的雌性性感虾,它们没有求爱过程,一般雄性找到雌性后会迅速交配,交配后雄性会守护雌性一段时间再离开。

❖ 与海葵共生的性感虾

性感虾喜欢肉食,因此,常被人们以为是肉食性的虾,其实它们是杂食性的生物。通常,性感虾会在共生的海葵势力范围内捕食浮游生物、藻类、小虾、小蟹等。在食物短缺的时候,性感虾会夺取海葵捕获的食物,或者干脆啃食海葵,吃它们的黏液。

通过与海葵共生来躲避捕食者

性感虾非常小,成体仅1.5厘米左右,在大海中,几乎所有的鱼类都会捕食它们,因此,性感虾通过与海葵共生来躲避猎食者,鲜艳的体色让它们很容易藏匿于海葵之中。

如果性感虾在海葵触手范围之外遇到威胁时,它们会将腹部及尾部高高翘起,然后高速振动腹部来警告对方,如果警告无效,它们便会翘着尾巴,以高达每秒10~15厘米的速度,快速退回到海葵的触手范围内。

骆驼虾

草木皆兵的卡通虾

骆驼虾的长相非常特别，它们的嘴向上撅起，身体呈鲜红色，上面有红色和白色的条纹以及白点交错分布，还有一对宝蓝色的大眼睛，看上去不像是一只真虾，更像是一只机械玩具虾。

骆驼虾也叫机械虾、尖嘴虾、跳舞虾、糖果虾等，属于节肢动物，广泛分布于印度洋中。

> 骆驼虾虽然会夹伤海葵和软珊瑚，但是它们却很少去碰气泡珊瑚和刺海葵。

骆驼虾因身体后半部分有一个驼峰而得名。骆驼虾的个性比较温和，非常胆小，总怀疑有东西会伤害自己，成天小心翼翼的。

骆驼虾通常喜欢群居，常栖息在水深 20 米以内的珊瑚礁区以及岩缝内，平时会机警地在珊瑚礁区活动，它们虽然没有医生虾活泼，但是只要稍有风吹草动，便会迅速以向后弹跳的方式逃跑。

骆驼虾有一对大钳子，而且雄虾的钳子比雌虾的大，它们会利用钳子夹伤海葵和软珊瑚来吸引浮游生物，以此方式获得更多进食的机会。除此之外，骆驼虾的大钳子还是争夺配偶的武器，雄虾会因争夺配偶而互相打斗。

❖ 骆驼虾

骆驼虾的嘴上翘，腰部下陷，后方凸起，看起来像是骆驼的驼峰，因此而得名。

美人虾

臭名昭著的虾

美人虾身上有红色和白色相间的条纹,体长一般不超过 7 厘米,有长长的虾钳与白色的触须,这种虾的领地意识很强,喜欢打斗,是生命力最强和最好斗的虾之一,常常会高抬虾钳,像一个随时准备作战的拳击手,因此也被称为"拳师虾"。

美人虾又被称为樱花虾、拳师虾、毛猬虾、条纹清洁虾,是猬虾属的一种,几乎分布于整个泛热带地区,在一些温带地区也有分布。

美人虾主要生活在水深 30 米的低潮礁区,喜欢微光带、弱水流。它们常栖息在洞穴的顶部或岩石缝中,露出白色触

❖ 美人虾的大钳子

美人虾看似妖娆美丽,实则非常凶狠,尤其是它有一对大钳子,几乎会对身边任何比自己弱小的动物造成伤害。

❖ 美人虾

美人虾主要生活在从加拿大到巴西的大西洋海域(包括墨西哥湾),在澳大利亚由北至南直至悉尼的海域以及新西兰附近也有分布。

须侦查环境。一旦发现有入侵者，哪怕是同类，美人虾都会冲出洞口，扬起大钳子，看起来凶残霸道的样子，目的是驱赶入侵者。如果遇到比自己强大的猎食者，它们会迅速缩进洞穴保命；如果是同类，那就会拼个你死我活，直到缺胳膊少腿才会休战。

美人虾身体多刺，通常雄虾身体会比雌虾的小一点，它们会对几乎所有比自己小的鱼类下毒手，而且对同类和其他品种的虾很不友好，因此在虾界臭名昭著。不过，名声如此不堪的美人虾，却对大型鱼类非常友善，常常主动为大鱼清洁身体——它们是清洁虾的一种。

此外，美人虾还是虾类"夫妻"恩爱的表率，一对美人虾夫妻能一起和谐地生活5~6年，实实在在地恩爱到白头。

美人虾品种有很多，有头胸部呈橙紫色鲜明对比的蓝美人虾、明黄色的黄美人虾，还有很少见的雪白美人虾。

❖ 被抓住的美人虾

如果美人虾被袭击，为了脱身，它们会用舍去大钳子或被猎食者咬住的脚的方法逃之夭夭。之后，只需几次蜕皮，就能再生出失去的大钳子或脚。

美人虾蜕皮时，通常会躲在很难被发现的地方1~2天，等完全蜕皮后才会出洞。

美人虾常会用虾刺去刺珊瑚和海葵，使它们打开，然后掠夺它们摄取的食物。

❖ 美人虾"夫妻"

形态别致的海鸟

海鹦

长 得 像 鹦 鹉 的 海 鸟

海鹦有一身黑白相间的漂亮羽毛,灰白色的两颊上点缀着一对明亮的眼眸,再配上宽大、鲜艳并带有灰蓝、黄和红3种颜色的鸟喙,凸显了它们惹人喜爱的模样。

❖ 鲜艳的海鹦嘴

海鹦繁殖于西伯利亚东北沿海、阿拉斯加、阿留申群岛、萨哈林岛、朝鲜西海岸、日本北海道和中国辽宁南部的旅顺。

海鹦又名海鹦鹉,共有3种,分别是北极海鹦、角海鹦和簇羽海鹦。它们的分布范围很广,主要栖息于海岛、海岸及其附近洋面上。非繁殖期则主要栖息于不冻的海洋中,不进行长距离的迁徙,仅在非繁殖期进行小距离的游荡。

❖ 角海鹦

海鹦的体长为32~41厘米，全身以黑褐色为主，腹部为白色。嘴部色泽鲜艳，大而厚，侧扁，嘴峰32~38毫米，稍弯曲，上嘴先端具缺刻，鼻孔呈细裂缝状，上面覆有皮膜。海鹦的跗跖较短，仅28~32毫米，站立时呈直立状，像企鹅一样憨态百出。尾呈圆形，长45~62毫米，甚短。整体形象如同鹦鹉那样美丽可爱。海鹦善游泳和潜水，以小鱼和甲壳类等动物为食。

无论是迁徙途中飞行，还是在栖息地，海鹦总是成群结队，统一行动。这样做是一种有效的自卫行为，以此向其他动物显示其庞大群体的威力，并标志其栖息地的范围，警告其他海鸟不得入侵其领地。如果发现入侵者，海鹦群会发出一片警告声。随后便成群结队地盘旋而起，形成一个飞快旋转的环状队形，采用"人海战术"，使入侵者晕头转向，难以找到进攻的突破口。

> 海鹦的繁殖期为5—7月，成群营巢繁殖。通常营巢于生长有草本植物、土壤层厚的海岛上。常在斜坡上掘洞营巢。巢内垫有枯草。

❖ **簇羽海鹦**
簇羽海鹦也称"花魁鸟"，体态优美，为稀有的观赏鸟类。它主要分布在加拿大、日本、俄罗斯和美国的沿海岛屿及海岸边。

> 冬季来临之前，海鹦们会倾巢出动，寻找好的觅食场所，然后会连续进行1周以上的觅食行动。有的角海鹦甚至会因劳累过度而死。

> 海鹦每窝产卵1枚，卵的颜色为白色，光滑无斑或具蓝紫色斑点。

❖ **北极海鹦**
海鹦虽然是无生存危机的物种，但是北极海鹦和簇羽海鹦，因种群密度低，种群之间呈块状分布，其数量可能在其分布范围内迅速下降，从而被列为易危。

蓝脚鲣鸟

呆萌可爱的鲣鸟

鸟脚有黑色的、灰色的、黄色的、红色的等，却很少有蓝色的，蓝脚鲣鸟就拥有这样一双世界上独一无二的蓝色大脚掌，刷新了人类对鸟脚的认识。此外，蓝脚鲣鸟脸小脖子粗，警惕性低，疏于防范，可以很轻易地将它们捕捉，因此它们被称为"笨鸟"。实际上，它们并不是很笨，只是看上去有点呆萌而已。

❖ 蓝脚鲣鸟

蓝脚鲣鸟是鲣鸟家族中最具特点也最呆萌可爱的一种海鸟，主要在热带及亚热带的太平洋岛屿海岸和海面上活动。

导航鸟

鲣鸟的种类很多，最主要、最常见的有红脚鲣鸟、蓝脸鲣鸟、褐鲣鸟和蓝脚鲣鸟等，它们都属于大型海鸟，体长0.7米

蓝脚鲣鸟看上去很呆萌，实际上，它和其他种类的鲣鸟一样是大型的猎食性鸟类，不仅不萌，而且很凶猛。

❖ 呆萌的蓝脚鲣鸟

以上，体重1千克左右，嘴又长又尖，尾部呈楔形，两足趾间有蹼，善游泳和捕猎，主要以鱼类为食，如鲅鱼、鲛鱼、沙丁鱼、凤尾鱼、鲭鱼、飞鱼、鱿鱼等，有时也会吃甲壳动物。

鲣鸟非常勤劳，除了夜间和繁殖季节会停留在岸上外，其他时间都会成群地在海面上搜寻猎物，渔民们喜欢跟随鲣鸟群追捕鱼群，鲣鸟因此得名"导航鸟"。

呆萌可爱

鲣鸟家族中的成员个个有特点，最具特点的要数蓝脚鲣鸟，它们长有一双特别而又醒目的蓝色大脚。

蓝脚鲣鸟的头部和颈部有浓重的棕色和白色条纹，翅膀和下体呈黑褐色，有一些白色羽毛扩展至背面，上背部和臀部有一块白色的大斑块。腹部为白色，尾巴为黑褐色，鸟喙为暗绿色、蓝色或灰色，脸上的皮肤黝黑并有奇异的眼袋，眼帘为黄色。整体看上去呆萌可爱。

脑袋很硬

从字面上看，鲣鸟是指"吃鱼且坚硬的鸟"。蓝脚鲣鸟和其他种类的鲣鸟一样，喜欢成群一起捕

> 直到19世纪末，鲣鸟还曾是人类的重要食物来源之一。在人类保护自然的背景下，减少了对它们的捕杀，这种鸟类数量开始猛增，自20世纪以来，鲣鸟的数量已经翻了1倍，是少数日益增多的鸟类之一。

❖ 红脚鲣鸟

❖ 蓝脸鲣鸟

蓝脸鲣鸟是一种黑白色鲣鸟，体型比红脚鲣鸟和褐鲣鸟都要大。通体羽毛除了飞羽和尾羽外，大部分为白色，眼睛为金黄色，眼部周围为蓝黑色。嘴长粗而尖，呈圆锥状，翅膀较为狭长，脚粗而短。它是一种广泛分布于热带海域的留鸟。

食，正常情况下会有 200 只以上的蓝脚鲣鸟一起，在海面上 30 米高（有时甚至 100 米）的地方飞行并搜寻鱼群，一旦发现鱼群，便会一只接着一只，如同箭一样从天而降，以时速近 100 千米直接射入水中捕鱼。蓝脚鲣鸟以这种速度一只接着一只地从天而降，如同如来神掌一般，甚至可直接将水面以下 1.5 米处的鱼给震晕。蓝脚鲣鸟入水后便迅速捕食，将鱼吞进肚子后才会游出水面。

为了抵抗捕鱼时从天而降的强大冲击力，蓝脚鲣鸟的头变得非常坚硬，脖子也特别粗。

❖ **直插水面的蓝脚鲣鸟**
蓝脚鲣鸟捕鱼时直插水面的速度堪比汽车在高速公路上行驶，因此它每次入水的角度都掌握得非常准确，否则它的脑袋和脖子很容易被入水时的冲击力撞伤。

❖ **跳舞中的蓝脚鲣鸟**
蓝脚鲣鸟的蓝色脚丫是它们求偶时候的资本，一般雄鸟的脚丫越大、越蓝，越能获得异性青睐，因此，蓝脚鲣鸟常会卖力地抬起蓝色脚丫，在异性面前炫耀。这种行为除了吸引雌鸟关注之外，也在告知其他雄鸟不要和它争夺"媳妇"。

求婚：炫耀蓝色脚丫

在外观上，雌、雄蓝脚鲣鸟相似，区别是雌鸟的虹膜暗，个体比雄鸟大，有一个相对较短的尾部。

每到繁殖季，雄鸟就会在鸟群中寻找心仪对象，一旦发现心仪对象，雄鸟便会在雌鸟面前翩翩起舞，并极力地左一脚、右一脚，展示自己的蓝色脚丫，目的是让雌鸟欣赏它的蓝色双脚，此外，雄鸟还会主动叼来树枝或石块放在雌鸟面前。

获得雌鸟的认可后，双方会为彼此梳理羽毛，最后，这对蓝脚鲣鸟"夫妻"会昂头对天发出打鼾的声音，如同人类在宣誓婚姻忠贞一样，而后便开始"双宿双飞"，过上没羞没臊的生活。

❖ 蓝脚鲣鸟与雏鸟

用蓝色大脚丫孵卵

大部分蓝脚鲣鸟与其他鲣鸟一样，都在海岸边栖居，但也有一部分会在树上营巢。

除了极个别的外，蓝脚鲣鸟一般是"一夫一妻"制，它们会用鸟粪在裸露的地面上围成一个圈，以告诉其他鲣鸟不要来打扰它们。

蓝脚鲣鸟孵卵的方式很特别，雌、雄鸟轮流孵卵，它们不是用身体孵卵，而是用那双漂亮的蓝色脚丫上的脚蹼包裹住卵，用以保持温度，直到孵化出幼鸟。

幼鸟出生后，如果在寒冷地带，雌鸟会用身体为幼鸟保暖，热带地区的雌鸟还会用身体为幼鸟遮阴，避免日晒。

❖ 一对站在鸟巢中的蓝脚鲣鸟

火烈鸟

如同熊熊燃烧的烈火

火烈鸟浑身朱红色，而且光泽闪亮，远远看去就像一团熊熊燃烧的烈火。火烈鸟群栖息在浅滩处，遍地通红并绵延好几千米，就像一块巨大的红地毯，鸟群飞翔时像红色晚霞染红了半边天，令人心旷神怡。

有化石证据表明，火烈鸟的祖先早在3000万年前的中新世就开始分化出来了，远早于大多数其他的鸟类。

❖火烈鸟

火烈鸟也称为红鹳，栖息于人迹罕至的沿海或咸水湖边的湿地，以水中甲壳类、软体动物、鱼、水生昆虫等为食。

火烈鸟共有3属6种，分别是大红鹳属的大红鹳（大火烈鸟）、加勒比海红鹳和智利红鹳，体长130厘米左右；安第斯红鹳属的安第斯红鹳和秘鲁红鹳，体长102~110厘米；小红鹳属的小红鹳（小火烈鸟），体长90厘米左右。

大红鹳分布于地中海沿岸，东达印度西北部，南抵非洲，也见于西印度群岛；加勒比海红鹳、智利红鹳、安第斯红鹳和秘鲁红鹳的分布均限于中南美洲；小红鹳分布于非洲东部、波斯湾和印度西北部。

体色艳丽

火烈鸟的颈长而曲，呈"S"形；腿极长而无羽

1976年，在安第斯山脉曾发现大约700万年前的火烈鸟脚印化石，暗示其祖先是类似鸻鹬那样的滨岸鸟类。

❖火烈鸟脚印化石

毛覆盖；嘴粉红而端黑，嘴形似靴；脚有四趾，前三趾间有蹼，后趾短小不着地；体羽白而带玫瑰色，飞羽黑，覆羽深红，在诸色相衬下显得非常艳丽。亚成鸟呈浅褐色，嘴为灰色。

火烈鸟的性格温和，常结成数十只至上百只、上千只、上万只的大群一起生活，多立于浅滩，用嘴甩动泥滩以寻找食物，它们一只挨一只紧密地排列着，叫声此起彼伏，远远望去，红腿如林，一条条长颈频频交替蠕动。

火烈鸟虽然善于游泳，但很少到深水域，而且它们生性机警，稍有不安便会飞离。往往只要有一只火烈鸟飞上天，便会有一大群紧跟其后飞上天。它们飞行时颈伸直，慢而平稳，场面十分壮观。

搞笑的恋爱联谊会

每年 3—4 月的繁殖季，成百上千只火烈鸟会自动组成"恋爱联谊会"，它们一起舞动脖子跳舞、唱

❖ **大红鹳**
大红鹳又叫作大火烈鸟，是火烈鸟家族中体型最大的品种，长着深粉色的羽毛。

❖ **智利火烈鸟冰箱贴、救生圈**
火烈鸟因修长的腿和火焰色的体色而受到全世界人们的喜爱，它们的形象常出现在工艺品、雕塑、玩具中。

相传火烈鸟会在南焰山用天火将自己的羽毛点燃，然后将火种带回楼兰古国，在天翼山化成灰烬，象征着一往无前的勇气和酣畅淋漓的生活方式。

火烈鸟的红色并不是它本来的羽色，科学家研究发现，火烈鸟的红色是来自其摄取的小虾、小鱼、藻类、浮游生物等体内的虾青素，而使它原本洁白的羽毛透射出鲜艳的红色。

❖ **小红鹳**
小红鹳又叫作小火烈鸟，是火烈鸟家族中体型最小的品种，颜色比大红鹳更红、更鲜艳些。

❖ 安第斯火烈鸟

安第斯火烈鸟是唯一一种长着黄色的腿和脚的火烈鸟，在鼻孔上还长有红斑。

❖ 智利火烈鸟

智利火烈鸟的体型比大红鹳小，双腿灰色，关节处长着粉色的环带。

火烈鸟的巢根据品种、大小不同，一般高度为12~45厘米，直径为38~76厘米。

全球年龄最大的火烈鸟（83岁）于2013年1月30日在澳大利亚的阿德莱德动物园去世。

火烈鸟在食物短缺和环境突变的时候会迁徙。迁徙一般在晚上进行，在白天时则以很高的飞行高度飞行，目的是避开猛禽类的袭击。迁徙中的火烈鸟每晚可以50~60千米的时速飞行600千米。

歌，甚至有点才艺大比拼的架势。整个"恋爱联谊会"上体色越红越鲜艳的火烈鸟，越能吸引异性，最后心仪的雌、雄火烈鸟会围绕对方跳舞，表现得异常亲热、兴奋且形影不离。

没有找到配偶的火烈鸟会继续在"恋爱联谊会"上卖力地跳舞唱歌，以期能吸引异性的关注。

火烈鸟的对象虽然来自"恋爱联谊会"，但是它们却是"一夫一妻"制，很少有对婚姻不忠者。

❖ 飞行的火烈鸟群

有秩序的"小村落"

火烈鸟确定"夫妻关系"之后，两口子便会开始寻找筑巢地，不过它们可不是随意选址，而是会选择与群体中其他火烈鸟做邻居。它们会在三面环水的半岛形土墩或泥滩上筑巢，有时也在水中用杂草筑巢。

最让人称奇的是，火烈鸟群中每家每户的巢穴都整齐排列，巢和巢之间的距离多为60厘米左右，每家每户之间都开挖了小沟，小沟之间相互连通，以便排水和随时通过小沟进入水中潜水或游泳。如此井然有序的火烈鸟巢穴群，说它是一个现代化、有秩序的"小村落"一点儿也不为过。

❖ 两只火烈鸟的长颈组成了"心"形
火烈鸟的长颈和天鹅一样，常会被人刻意地抓拍。两只火烈鸟的长颈组成一个"心"形，寓意爱情。

火烈鸟觅食时头往下浸，嘴倒转，将小虾、蛤蜊、昆虫、藻类等吮入口中，把多余的水和不能吃的渣滓排出，然后徐徐吞下。

加勒比海红鹳的群体非常壮观，在面积仅有13 838平方千米的中美洲的巴哈马群岛，就栖息着多达5万只以上的加勒比海红鹳，甚至有多达10万只以上聚集在一起的场景。

非洲拥有当今世界上最大的火烈鸟群——小红鹳群。

❖ 小红鹳群

❖ 火烈鸟的"恋爱联谊会"
一群兴奋、激情四溢的火烈鸟在跳舞。

火烈鸟幼鸟向父母乞食时发出的声音，会刺激成鸟的大脑释放催乳素。神奇的是，这与帮助人类产奶的催乳素是同一种，它可以促使父母嗉囊中的细胞膨胀并分泌乳汁。

火烈鸟父母在哺育的时候，把尽可能多的能量与养分融入嗉囊乳汁中，所以在喂养幼鸟的过程中会变得憔悴。

❖ 火烈鸟哺育雏鸟

筑巢期间会变得凶猛好斗

选定筑巢地后，火烈鸟夫妻便开始一起用草茎等纤维性物质混合泥巴，滚成小球，一层层地垒砌成上小下大、顶部凹入、任凭大雨冲刷也不会倒塌的"碉堡"式的巢。

筑巢期间，为了争夺更好的位置、抢夺筑巢材料或因为急于孵卵，性格温顺的火烈鸟会变得凶猛而好斗，火烈鸟夫妻之间、家庭与家庭之间常会发生一些小冲突，但是这并不妨碍施工的整体进度，也不会妨碍村落的整体"规划"。

为数不多的产奶鸟类

有了"家"后，雌鸟便开始进入巢中产 1~2 枚卵，而后，由雄鸟和雌鸟共同孵化 28~32 天，雏鸟出壳后第二天就可以到巢穴边的小沟中游泳，两个半月后雏鸟就能学会飞行。

雏鸟和成年火烈鸟的长相完全不同，雏鸟的绒羽、腿呈灰色，嘴是直的，在 1 岁之前，雏鸟靠嗫食父母的乳汁成长。

火烈鸟是为数不多能产奶的鸟类，而且雌鸟和雄鸟都会产奶。火烈鸟并不是靠乳腺产奶，而是靠其食管后端暂时贮存食物的嗉囊产奶。

1 岁以后，雏鸟能长到成年火烈鸟的大小，3 年后其体色才会逐渐变为红色，达到性成熟。火烈鸟的寿命为 20~50 年，已知的最大年龄是 83 岁。

火烈鸟乳汁中的蛋白质、脂肪含量都比哺乳动物乳汁的高，而且颜色为亮粉色。这是因为亲鸟在乳汁中加入了类胡萝卜素，这是一种抗氧化剂，可以促进幼鸟健康、快速地成长。